2000—2020 **南大建筑教育丛书**

丛书主编 **吉国华 丁沃沃**

建构设计 Tectonic Design

吉国华 赵 辰 主编

南 京 大 学 出 版 社

总序

鲍家声
Bao Jiasheng

　　光阴似箭，日月如梭。转眼之间，世纪之初创建的南大建筑至今已走过不同寻常的二十个春秋。想当初，年过花甲的我，忘记了自己的年龄，不知天高地厚似的，"贸然"与几位三四十岁的年轻教师，离开我学习工作近半个世纪的母校——东南大学，"跳槽"来到南京大学，创建了南京大学建筑研究所，作为建筑学学科研究生教育和建筑研究机构，重启原在母校推行而后受阻的建筑教育改革创新探索之路，踏上新的征途！

　　二十年来，南大建筑以南京大学既定的创办世界高水平一流大学的目标为办学目标，以综合性、研究型、国际化为标准，积极进行开拓与探索，在学校领导和相关部门、社会各界和兄弟院校、学者和同仁的关心、支持、帮助和指引下，经过师生的共同努力，在不长的时间内，从无到有，从小到大，从建筑研究所发展到建筑学院，又从建筑学院发展到今天的建筑与城市规划学院，从单一建筑学科发展为建筑—城乡规划多学科的教学科研基地，从最初的单一研究生培养教育发展到今日的本—硕—博多层次的全面建筑人才培养机制，形成了较为完备的办学体系，在短短的时间内又顺利地通过了全国高等学校建筑学专业硕士研究生的教育评估。二十年来，南大建筑为国家培养了千百名高素质的建筑人才，走上了稳、健、捷、良的发展道路，实现了长足跨越式发展，完成了日趋成熟的根本性的战略巨变，创造了南大建筑人的办学速度，创出了南大建筑自己的名声、自己的名牌和自己的办学特色。短短的时间内，南大建筑跻身全国建筑教育院校的前列，被誉为与"八路军""新四军"齐名的"独立战斗兵团"！

　　南大建筑二十年的跨越式发展，充分彰显了建筑学科在南京大学厚实的科学与人文这方沃土中，跨学科、教研融合的快速发育成长，开创了在我国综合性大学开办建筑学学科教育的先河。南大建筑以招收、培养研究生为办学的起点，以培养高端建筑人才为目标，在后来招收本科生的同时，仍坚持以招收培养研究生为主，开创了我国高起点建筑学教育办学的先例。南大建筑本科生教育和研究生教育实行"4+2"的新型学制，率先改革"5+3"的传统学制，并且不拘一格地只申请研究生的教育评估，不申请本科生的教育评估，改变了现行院校本科生建筑学专业学位和硕士研究生专业学位重复设置、两次评估的规定，大大缩短了学制，为青年学子节省了宝贵青春年华中的时间，同时也提高了办学效率，为我国高等建筑教育创建了新的学制。在研究生培养教育方面，推出了研究生教育崭新的建筑设计公共课程体系，即"概念设计""基本设计"和"建构设计"课程，三者构成了一个完整的建筑设计教学内容体系，真正让建筑设计教学从传统"熏陶式"教学模式改变为"理性教学"，即重在教思维、教方法的"手脑并训，以训脑为主"的新型教学模式。同时，也从传统的重设计、绘图的技法训练转变为重理性思维和方法论的培养，彻底改变了通过手把手的示范来传授设计技巧，而忽视对学生创造性思维能力培养的传统教学方法。同样，本科生教育也实行了"2+2"的通识教育和专业教育相结合的新型建筑教育培养模式，大力提倡鼓励和促进学生跨学科学习；充分发挥和利用南大作为综合性大学的多学科的优势，鼓励教师跨学科合作进行科学研究；在积极认真进行建筑教育的同时，也积极主动面向社会，以社会发展需要和城乡建设中的问题为导向，开展科学研究；创办建筑设计院和规划设计院作为生产教学实践基地，为我国快速城市化和乡村振兴事业做出了我们的贡献。总之，南大建筑在建筑教育观念、教学体制、教学内容、教学方法及办学机制和管理体制诸方面都进行了积极的探索和大胆的改革，敢于向过去习以为常的事物"亮剑"，敢于在复杂的形势下不断探索、突破，从而造就了自身的办学特色。

二十年是人类历史上短短的一瞬间，却是南大建筑人谱写南大建筑春华秋实的生命之歌之时。借此南大建筑学科创建二十周年和南京大学建筑与城市规划学院建院十周年庆典之际，筹备组搜集、整理出版了这套册子，力求展示南大建筑二十年来全院师生员工在"开放、创新、团结、严谨"历程中的所思所行，以此勉励后来者不忘初心，牢记使命，薪火相传，继承和发扬开放、改革、创新、探索的精神；同时，它也试图打开一扇通向外界的沟通之门，期望得到领导、社会各界、广大同行专家学者的指正和引导。

忆往昔，感慨万千；看今朝，振奋人心；展未来，百倍信心。从无到有的创业难，从小到大、从弱到强的发展建设更难，从大从强到优的发展建设就更是难上加难！南大建筑人将继续弘扬"开放、创新、团结、严谨"的办学创业精神，遵循南大"诚朴雄伟，励学敦行"的校训，在新的历史时期，在我国为迎接"第二个百年"，实现中华民族伟大复兴而努力的新时代，以培养高质量人才为根本，以队伍建设为核心，以学科建设为龙头，立足江苏，面向全国，走向世界，为把南京大学建筑与城市规划学院建设成为国内一流、世界知名的人才培养基地而不断努力奋斗，为实现我国教育强国之梦做出我们新的、更大的贡献！

十年树木，百年树人。南大建筑和规划人将以学科创建二十周年和建院十周年为新征途的新起点，在办学的新征途上，砥砺前行，百尺竿头，更进一步。未来的二十年，必将更加精彩！

鲍家声

2020 年 11 月 14 日写于"山水"

序一

建筑学的认知与实践：南大建筑设计教学二十年
Understanding and Practice of Architecture: NJU Architectual Design Education for 20 Years

丁沃沃
Ding Wowo

回顾二十年办学历程的重要内容之一是对教学成果的总结，对建筑学科来说，更是少不了对以设计教学为主体的教学成果的总结。然而，就南大建筑而言，设计工作坊有其特殊的意义，它所扮演的角色不仅是教学的课堂，而且是建筑学认知和实践的基地。尽管现在从本科到研究生教学阶段的南大建筑设计工作坊有十几个之多，但具有二十年历史的设计工作坊只有三个，那就是"基本设计""概念设计"和"建构设计"。

感谢丛书的编辑团队给我一次机会，从建筑学学科探索与实践的角度看这三个设计工作坊的关系和意义。首先，我想应该从"建构设计"工作坊谈起。

认识论与方法论

为什么"建构"这个术语对南大建筑来说这么重要？这是因为"建构"作为建筑美学的认知标准，它回答了建筑学最重要的两个基本问题："什么是建筑"和"怎样做好一个建筑"。第一个是建筑学的认识论，第二个是建筑学的方法论。关于建构的理论和定义，西方建筑学理论家们将其追溯到19世纪的德国建筑学者。在德语中，"Bau"意思是建造，"Kunst"则是艺术，而建筑被称为"Baukunst"，直译即建造的艺术。所以，在德文的世界里，建造的艺术才是建筑。所谓"建构"也就是寻求建造的法则和秩序，寻求恰当地描述建造活动的标准，建立起建筑学的框架体系。这个体系无论是在建筑学的世界观还是方法论方面，都深深地影响了曾在瑞士苏黎世高工建筑系学习的这群南大建筑的主要奠基人。为此，他们主张关于建筑形式美的讨论应该回到建筑事物本身，强调建筑的材料、构造、结构方式及其建造过程应该成为建筑表现的主题和建筑批评的价值取向。

2000年前后正值国内建造活动中"欧陆风"盛行，此时，南大建筑刚刚以建筑研究所的形式开始了它建筑学的探索历程。一方面基于"建构"作为建筑审美观的共识，另一方面出于对当时"欧陆风"的深恶痛绝，南大建筑举起"建构"的旗帜，并开始付诸实践。南大建筑此举很快得到了业界和学界的关注，"建构"也就成为一个热门话题。然而，当时国内对"建构"概念的热衷并没有扩展到对建筑学知识体系的讨论，也没有相应的关于建筑学本体问题的讨论。随着时间的推移，对"建构"意义的认识的含混并未影响"建构"成为时尚，当冠以"建构形式"的作品以某种特定形象出现时，"建构"居然也尴尬莫名地落入了"风格"的俗套。

今天有幸重新审视"建构设计"这门课，看到它二十年来坚持不懈地探索，不偏不倚。南大建筑的确在坚定不移地探索着，并随着建造条件的不断变化，与时俱进地诠释着何为或如何进行"艺术的建造"。必须指出的是，以教学作为建筑学的特殊实践必须有不可或缺的理论研究相伴。在南大，建构实践从来都不仅是一门设计课，也不可能仅仅有设计课，而是有着2—3门理论课相伴而行，其中赵辰教授的中国木建构文化研究就是建构实践课程群的重要组成部分。

建筑的核心

尽管"建构"的理念明确了对建筑的认知和建造建筑的方法，但是"建构"的理念并不能解决建筑的构形问题，确切地说，"建构"的主张并不能定义建构对象的形体。在该理论产生的19世纪里，西方建筑学的核心依然以既有类型为主导，因此"建构"理念所表达的建筑审美观和建造的真实性并不触及建筑的基本类型，只是将既有建筑类型的表皮收拾干净，展现出材料和建造的精美。直到现代建筑确立了"建筑空间"在建筑学中的核心地位，"建构"才有了"形式"的基础而成为包裹建筑空间的表皮，而空间的感知途径则可依托于"建构"的成就。此时，建筑学的审美对象则由传统的立面"革命性"地转换为有质感的"建筑空间"，这就奠定了南大建筑"基本设计"工作坊的意义。

在现代建筑形式体系中，分割空间的垂直和水平构件是建构空间的基本元素，空间的开敞和封闭的诸多变化是空间表达的基本语言，任何丰富多彩、令人目不暇接的现代建筑空间都是通过这些基本语言的组合而形成的。建筑空间是建筑学理论构架和实践的核心，这项实践不仅体现在南大建筑的现实创作之中，而且更多地体现在南大建筑的"基本设计"的建筑教学之中。这项实践的意义在于深入认知建筑的核心是包裹人类活动的空间。建筑的外在形式在其发展进程中将会随着材料和建造方式的变化而变化，而空间则会依照社会不同发展阶段中人们对空间的绝对需求，沿着自己的逻辑而发展。因此，探讨建筑形式的逻辑，最终还是归结到讨论建筑空间构成的逻辑。

早期，"基本设计"探讨的纯粹建筑观将建筑的意义诠释为空间的载体，去掉对形式过度的关注，依托于"建构"理念规避对装饰和符号的需求，从而回归建筑的本源。在设计内容上看似简单的基本设计实践与教学其实充满了思考，往往为了更为深入的思考而降低建筑功能的复杂性。基本设计探索了空间构型中的由空间原型和空间体系所构成的可变的空间及其建筑形体的原理和方法。在这个训练中"结构"是一个关键词，这里的"结构"有三层意思，既是空间的结构，也是形体的结构和组织的结构。通过设计实践可以看出，建筑的"空间结构"特征可以和功能无关，但对建筑构型的影响很大。因此，在《基本设计》这本书里，大家可以看到，尽管参与实践的教师非常多，由于信念和目标的一致，其实践成果体现出了统一的价值观。

回到建筑学的核心这一话语，南大建筑对构筑"建筑空间"的训练也在不断更新，即由早年所关心的建筑的纯粹空间，转向后期更加务实的充满在地性色彩的"场所感空间"。可以看出，早年的实践是由"向西方现代建筑学习"这一理念所引领的，而近十年，则更多地转向探索更为朴实的建筑学的核心与内涵。当下，路走到此处，未来的目标并不太清楚，而对"建筑核心"的探索只有实践、再实践。

建筑学的实验与实践

如果说"建构设计"和"基本设计"分别是南大建筑探索建筑学认知和方法的实践场所，那么，"概念设计"则是南大建筑实验性思维付诸行动的实践基地。作为"实践基地"，它的主要任务是始于问题，探索未知。正如南大建筑初创时期的领头人鲍家声先生指出的那样："建筑虽然是作为文化艺术的组成部分，但是毕竟还是一门实实在在的物质产品，建在一个特定的地段与环境之中，它不是凭空任意构想出来的，更不是由一时冲动迸发的一种灵感产生的。它也有它的客观规律可循，只是这个规律由社会因素、经济因素、技术因素和美学因素综合而构成，虽然复杂一点，但它是可认知的，只是很少有人愿意下功夫去研究它，揭示它。""实验性"是伴随南大建筑诞生的基因，也是南大建筑发展的动力。正是这个"实验性"的特质使得南大建筑教育在设置课程体系之初就有了"概念设计"的一席之地。"概念设计"是南大建筑"实验性"的实践基地，在这里不必拘泥于现实的可行性，教师和学生们可以共同探讨学科的前沿性的话题。

"概念设计"是开放的，它的开放性体现在两个方面：问题的开放性和内容的开放性。"概念设计"的载体可以是城市，可以是自然环境，可以是建筑本体，也可以是人的身体。正是它的开放性吸引了国际、国内学者的参与，很多有趣的思想火花在这里进出。例如，早期的"概念设计"主要探讨了场所感知的若干问题，其中包括移动空间的认知、群体行为的同一性、建筑学中弹性场所的意义、场所更新与符号表达，以及身体与空间的相互作用。这类探索有助于更加深刻地理解为什么"场所"可以取代"空间"作为建筑学的关键词。当场所取代空间之时，空间就不再是无量纲，以人为主体的空间不再可以任意抽象。早期的这些探索为后来的城市设计理论探索奠定了基础。二十年来，南大建筑在"概念设计"这个"实践基地"里，前仆后继，后期的概念设计研究的色彩更加突出，内容更为多元甚至跨学科，设计表达和技巧更富于创新性。《概念设计》这本书为读者展现了它的探索、思考以及多姿多彩和丰硕的研究成果。

开放的"概念设计"又是严谨和理性的，这就是概念设计的实践方法，也是概念设计的特色。尽管问题和内容不同，每一个"概念设计"都有理论阐述、文献阅读、调研分析、图示表达，以及最终的设计成果展示，而"概念设计"的答辩往往是一场研讨会。对研究生来说，"概念设计"训练了思维能力和研究能力，以及对问题的判断力，事实上，一场"概念设计"给参与其中的教师和学生都带来了重新认知世界的机会。在南大，一场"概念设计"答辩结束后，往往又给教师提供了下一个探索的主题。"概念设计"工作坊不断地提出问题并践行，所谓实验性特质因此得到了充分的展现和释放。

结语

二十年前，本着淳朴地向"西方先进学说"学习的精神和追赶的渴望，南大建筑义无反顾地开始了自己的建筑学实践，不仅通过作品，更是借助课堂。"设计工作坊"与其说是教学，不如说是教师们带着年轻的学子一起实践，在实践中探索、思考，以及反思。

渐渐地，我们意识到"建构"的术语来自西方，但"建构"的精神历来不曾离开过中国传统建筑，是我们建筑传统中流淌着的血脉——中国传统建筑无论是官式建筑还是乡土建筑无一不堪称"建造的艺术"，而屋檐之下的灵活"空间"，从来都是中国建筑适变性的精华。虽然我们对"建构""空间"的理解由外到里似乎绕了一个大弯，但是获得的则是超越任何文化的在认知上的整体升华！这个升华来自对建筑学知识体系进行的长期的、全面的反思和践行，其中三个"设计"工作坊的相互支撑，作为建筑学的实践场所功不可没。

今天，南大建筑要从这里再启程。作为教学手段，设计课程的内容和方法总是需要不断地更新，然而，作为建筑学认知论与方法论的实践场所，作为建筑学理论和思维的实验基地，它们的使命不变，继续鼎力前行。

丁沃沃

2020 年 10 月 8 日于南京

序二

南大建筑的建造诗学
Construction Poetics in NJU Architecture

赵辰
Zhao Chen

南大建筑，从 21 世纪创建以来，似乎就与"建构"（Tectonic）有关联。真正了解南大建筑的人，都会理解在实际的教学、研究之中，南京大学建筑学科是全方位发展的。建构，这种建筑研究视角和学术主张，只是其中一个方面或者说是侧面，既不是南大建筑的学术思想之全部，也不是唯一。但是，实事求是地看，让中国建筑学界了解和留下印象的南大建筑的关键项还是建构。[1]

从另一个角度来看，南大建筑确实最有效地推动了建构这种"建造的诗学"在中国的发展。或者说，在当代中国，建构的建筑学术理论与实践正是与南大建筑共同发展的。在南大建筑的二十周年纪念之际，显然很有必要对南大建筑学术体系之中的建构理论的引介和建造设计的发展，做一个全面的回顾和总结。

一、南大建筑的学术宣言：建构倾向作为学术组合基础

1. 南大建筑学术组合的建构先导

回顾以往，建构的主张其实是南大建筑的初心之一。众所周知，南大建筑是东南大学建筑之树的分枝。而建立南大建筑的首批学者，在已经经历多年的建筑实践、教学、研究过程之后初步形成了建筑学术思想。南京大学作为当时"九八五"的"C9 院校"，选择建筑学作为所需拓展的重要学科，正是提供给我们一个可施展学术主张的平台。而在我们的学术兴趣与主张之中，以建造为中心的建构思想显然成为我们的共识，从而形成南大建筑的学术倾向。

某种意义上讲，建构是我们最初的学术组合之重要基础。其时，弗兰普顿（Kenneth Frampton）的《建构文化研究》（*Studies in Tectonic Culture*）英文版并未出版多久，但已经成为南大建筑成员们谈论最多的建筑理论著作之一。

2. 针对中国建筑文化批判而定位的南大建筑

进一步回顾，这样的思想倾向形成于之前相当一段时间内，对中国建筑落后现象的批判和对过于僵化的学术体系之反叛。我们在曾经的东南大学（南京工学院）的建筑教学实践之中和在瑞士联邦苏黎世高等工业大学（ETH-Z）[2]研修时期，都已经对此有过充分的交流，从而酝酿出这种有共识的思想。相对于其他建筑院校和学者，我们有着相对明显的共同倾向。其中，有相当一部分思想来自对传统的以表现、绘画为中心的建筑学术体系之反思。在经历了极为强化的以建筑表现（制图、透视、表现图等）为中心的建筑研究训练的基础上，毕业后走向建筑实践的建筑师思考建筑的途径是以图面的表达为中心，将图示的内容视同于设计本身，而难以图示的东西就不再作为设计思考的对象了。与之对应的建筑理论是以"风格论"为中心的，以标签化的建筑形式分析为主体内容。建筑历史的所有内容，均以不同风格来定义建筑的历史时间和空间场所之差异，以"否定之否定"交替发展的"循环论"为依据，将建筑历史的各种风格归纳为历史发展规律。

这种建筑学术体系实质上是延续了"布杂—宾大"（Ecola des Beaux-Arts/U-Penn）的古典主义学院派，并糅合了对中国传统建筑文化的误读而形成的一种特殊的建筑学术体系，以 1949 年以前的国立中央大学和之后的南京工学院以及清华大学为代表，在 1949 年之后的中国大陆建筑学术界有着相当统领性的意义。而在改革开放之后的 20 世纪 80 年代，这显然已经不适合建筑高速度发展的实际需求。然而，这种体系因再次误读西方（美国）流行的"后现代主义"（Post-Modernism）思潮，而混杂了对古今中外的不同建筑"风格"形式的索求、拼凑，并且在 20 世纪 90 年代更是由于房地产业的爆发式的发展而导致了极为可观的西方古典建筑形式之"大杂烩"，正是所谓"欧陆风"的潮流。其可被视为这种"风格论"建筑形式体系的极致状态，也正是我们南大建筑同仁们所深恶痛绝的建筑现象。而建构，作为以建造为中心的建筑本体论的美学理论，正是在这样的背景之下受到我们的青睐的。

我们所共同具有的"埃泰哈"（ETH-Z）研修经历，更是给我们以极为充足的学术支撑。"埃泰哈"的建筑学术很好地继承了包豪斯（Bauhaus）的现代主义建筑的基本体系，尤其是其中以建造为核心的营造艺术（Baukunst），并在"二战"之后延续了建造、空间、场所三位一体的建筑形式整体性探讨，至 20 世纪八九十年代，已经形成明显领先于其他建筑学术体系的趋势。最为明显的就是，所谓的以建筑表现为中心的"风格论"是被彻底批判的，而带有美国民粹精神的"后现代主义"在埃泰哈也是完全没有市场的。这些对我们的建筑学术思想有极大的影响，我们清醒地认识到了应该接受的是这种真正对中国建筑当代发展有实质意义的现代建筑，是以建造为中心的一种建筑美学价值。因此，对埃泰哈深化的"新现代主义"建筑学术，我们的接受并不是简单机遇性的，而是在批判深害中国建筑界多年的"风格论"的基础上，在不断索求过程中遭遇所得的。

可见，南大建筑的建构倾向，来自该学术组合主要成员共同的建筑学术主张，来自对原本所处的落后的学术环境之批判，来自对中国新时代发展的合理建筑学术需求以及对中国建筑真正传统的回归。[3]

二、南大建筑的教学与研究的全方位实验

在此基础上，南大建筑在成立之初的 2001 至 2004 学年期间的研究生教学之中，全方位地设置了与建构学术思想有关的各类课程。从当时全国范围内的比较来看，南大建筑的建构倾向是极其明显的。

1. 建构理论前沿课程

首先是与建筑和设计理论相关的课程，王骏阳和笔者开设的"建筑理论研究"系列课程，虽然是分中西文化的全方位理论体系介绍与研究思想课程，但是各自都强化建构理论在其中的成分；冯金龙开设的"材料与建造"课程，更是完全以现代建筑的建造规律的各个构造部分来分类的，具体体现为设计方法论与技术支撑理论；朱竞翔开设的"现代建筑结构观念的形成"课程，结合其博士研究的基础，全面论述了以现代科技突破古典建筑结构形态而逐步发展形成的现代建筑结构观念与设计方法，对中国学生在建筑造型研究方面的结构思维塑造有极大帮助。

2. 设计教学的建构实验

同时，南大建筑的设计教学以各种建构实验工作坊的形式全面展开：冯金龙在设计工作坊中首先展开各种比例和各种材料的模型制作的练习，足以让学生得到构造层面的研究训练，并且逐年更替发展至有结构造型意义的模型搭建；周凌设置的工作坊，在不同建筑材料的设定前提下，让学生研发了有建造模数限定的预制建筑构件之模型搭建；朱竞翔直接提供了一个小型自主搭建的案例，要求学生在选择各种不同的建筑材料之后，进行实际的构造与外部造型的设计研究。

3. 木建构文化研究课

由笔者负责的一门名为"木建构文化研究"的选修课，运用以"材料—构造—结构"为基本思路的建构理论，设置了讲课（lecture）和工作坊（studio）并举的课程模式。在将中国木构传统放在全球的木构文明大背景之中，并以建构理论诠释中国木建造传统的讲课前提下，以特定的"六木同根"和"结构单元体"的木框架作为作业专题训练，要求学生理

解木材基本材料性能和构造规律，并进一步引导至"跨度"与"高度"的不同结构形式的应用案例研究，而中国传统木构的浙闽木拱桥和侗族鼓楼成为这两个结构形式应用的实际案例。该课程在对中国传统建筑文化进行重新诠释的大主题之下，在建构理论框架里对木构文化传统进行了深入研究。

4. 出版物与学术研讨

在教学程序中全方位地实践建构倾向的同时，南大建筑关于建构研究与教学的初步成果开始以各种出版物以及会议论文的形式，出现在当时的各种出版物和媒体上，尤其是网络等新型媒体上，并且收到明显的社会反响。回顾起来，南大建筑 2001 年《A+D 国际建筑与设计》杂志的第一、二期发表了王骏阳老师的《解读弗兰普顿的"建构文化研究"》一文，这是首次在中国出版的当代建构研究的理论文献。并且，该杂志以对冯纪忠先生的访谈作为引介，提供了对"建构"理念的前辈学者的深度理解，出版之后获得了极大的反响。此后，针对当时中国建筑理论界对建构理论极其热衷而又莫衷一是之乱象，南大建筑于 2004 年举办了"结构、肌理和地形学——从建构表达到肌理和地形学介入"国际研讨会，由弗兰普顿先生亲自作为总召集人，邀请了多位具有国际影响力的知名建筑理论家和建筑师：兰普尼亚尼（Vittorio Magnago Lampugnani）、席沃扎（Mitchell Schwarzer）、隈研吾（Kengo Kuma）、法瑞尔与麦克纳玛拉（Yvonne Farrell & Shelly McNamara）、柴拉-波罗（Alejandro Zaera-Polo）、姆拉莱斯（Manuel de Sola Morales）、欧福（Kate Orff）等国际著名学者在南京大学进行了深入的建构主题研讨。此次研讨会的演讲内容又集合了其他重要学者的论述，随后以由丁沃沃、胡恒主编的《建筑文化研究》文集的形式全文出版，成为关于建构理论在当代中国发展的最重要文献之一。

三、南大建筑的建造教学实验

眼下在中国建筑教育界，似乎经常可以看到与建造有关的教学活动。实际上，南大建筑是比较早地将真正的建造活动引入教学的。并且，相比之下在学术定义上是十分严谨和慎重的。

1. 建造教学作为前期建构实验的整合

首先在前文提到的全方位建构研究课程的基础上，南大建筑已经获得了相当的建构教学经验积累。其中包含：课时的合理安排、实验工作环境条件、工具设备材料、实验教学辅助人员，以及学生的分工作组的合作和组织、分阶段的任务安排和目标控制，等等。在此基础上，2005 年，我们将由几位老师负责的不同课程的课时集中起来，利用南京大学鼓楼校区蒙民伟楼未被使用的地下室空间，开始了真正的建造实验工作坊的尝试。

在这次实验中，我们很慎重地规定了仅仅以"四个木框架"为限定的四组建造实验：以给定的木构杆件和搭接节点，四组学生先实施了尺度为 2400mm 三维见方的木框架搭接；然后各组根据自己的设计来包裹围合其构架，同学们分别以阳光板、木条、木工板、包装箱纸板等材料，成功地完成了"四个木框架"的首次建造。这看似极其简单的首次建造实验，却耗费了我们相当多的时间和精力。但是，我们实现了南大建筑对建造教学慎重而严格的学术性探讨，那就是真实的尺度（real size）加上真实的材料（real material），两者同时具备的实验性建造教学，与其他的以模型为主的建构研究的教学活动有清晰的区别，也区别于一些艺术造型训练的"装置"（installation）。在完成作业的"评图"和庆典活动中，学生们利用"四个木框架"组成了整体的空间环境，形成有趣的空间生产效果。并且，我们借助网络进行了工作坊实践过程的传播，由此引起了相当程度的反响。

此后在南大建筑的教学之中，建构实验的教学完全拓展到了以建造为中心，并在随后的历年过程中不断发展。2006 年，木构建造实验发展至在浦口校区的"亭子"和"桥梁"设计与建造；2007 年，依托南京红山动物园的"丰容计划"，围绕猴山进行了多个项目的设计与建造；时至 2012 年，南京大学建校 110 周年庆典之际，由校方提议，我们承接并在仙林新校区开展了"中国大学生建造节"，响应南大"绿色校园"的理念，设计建造了具有太阳能收集能力和生态意义的建筑。从建筑的规模、建造难度、复杂程度等方面看，此时的南大建筑的建造教学与实验能力都得到了进一步拓展。

"中国木建构文化研究"的教学研究，自 2010 年以后，随着主讲教师研究方向转向工业化竹材的建造应用，在对工业竹进行多种实验研究的基础之上，开始逐步展开以"集成材"为主的工业竹建造实验。2018 年，在"东亚研究型大学联盟 2018 研讨会：'亚洲绿色和弹性发展城市'"的支持下，我们在鼓楼校区逸夫楼举行"工业化竹材建造节"，由 2017 级硕士研究生设计建造了三层"竹亭"。2019 年，我们参加国际竹藤组织（INBAR）主办的 2019 国际竹建筑大赛并获得前三名，随后在北京世界园艺博览会上成功建造作品"竹之器"。值得指出的是，从工业化竹材开始，南大建筑的建造实验已经进入了工业化的建造程序：学生在建造实验之中可以直接将其设计指令发至工业化竹材生产企业，直接指导材料的制造并要求其按建造要求进行预制加工，保证学生在施工现场的装配式安装。这进一步顺应了当代生态化、工业化、集成化的建造要求，使得以建造为中心的教学研究紧密结合了社会发展的需求，其意义是十分深远的。

2. 建造教学作为学术交流的活动

特别有意义的是，南大建筑的这些建造实验教学活动，多数还结合了与其他学术单位的交流、合作的内容。其中一类是国际合作交流的内容，另一类是不同专业的合作交流。2006 年的木构建造工作营与挪威奥斯陆建筑与设计学院（Oslo

School of Architecture and Design)合作,在南京大学浦口校区和挪威南部的小镇特维德斯特兰德(Tvedestrand)两地,分别合作设计建造了多个小型木构建筑。在分组的建造活动之中，两国学生被混合编组，为共同的内容而设计、建造。这种国际合作的建造工作营既给双方的学生带来了极大的挑战，也为他们提供了极好的互相学习和体验的机会，极大地加深了他们对以建造为中心的建筑专业和职业规律多侧面、多角度和跨越文化的理解，必然对他们的职业生涯产生重大影响。在 2012 年的仙林校区"中国大学生建造节"中，我们召集了多达五所大学建筑学院的学生与教师，整个建造过程中的交流与合作非常充分，十分有利于学生理解实际建造过程中不同思维与工作方式的重要性。在近几年的工业化竹材建造工作营之中，都有结构专业的同学参与，在设计阶段都加入了结构计算和设计的改进，直至最后的建造。

四、南大建筑的数字建造实验

在以建造为中心的强大建构体系的教学研究基础上，南大建筑在数字建筑研究辅助设计（CAD）的基础上迅速向辅助制造（CAM）方向转移，并转向数字建造实验的教学探讨。

数字化时代的建造诗学既是对虚拟造物具象化的准确度的追求，也是对实体造物智能化程度的追求。

1. 南大建筑的数字建造实验

数字设计一直是南大建筑重视的研究方向，多名教师在此方面都有着丰富的教学和实践经验。学院在数字实验室的建设方面也得到了学校层面的持续支持，配备了比较齐全的新型数字化加工设备，包括机器人加工建造系统、三维激光打印系统、三维激光扫描系统、数控雕刻机、激光雕刻机等大型数字加工设备，为数字化设计和加工建造提供了充分的技术保障，也使得各种新型数字技术的应用成为可能。因此，发挥我们的优势，在教学中开展数字建造的实验性探索，对建筑学科边界的拓展有着重要的意义。

在具体教学体系中，基于课程时长，我们设定了两类与数字建造相关的课程。一类是本科生毕业设计，这类课程时间跨度长，以数字建造作为课程的基本目的，让学生完整地掌握从数字生成到数控加工再到实体搭建全过程的相关知识。另一类是设计工作营，对象包括研究生和本科生。这类课程时间跨度短，通常聚焦于某个具体问题，以数字建造为手段进行研究，因而成果也更加丰富多样。

2. 本科毕业设计数字建造专题

自 2013 年起，南大建筑的本科毕业设计一直在探索数字化设计与建造的教学研究，开展了一系列专题化的教学实践，并于当年获得江苏省高等教育教学改革研究项目"建筑学本硕贯通机制下的本科毕业设计专题化改革研究"的支持。自那时起，每年都会有 1—2 组学生加入数字化建造专题，并通过合作完成最终作品的搭建。到 2020 年，一共有 10 组设计作品，涉及的材料包括木板、木棍、泡沫块、三维打印材料等，涉及的加工工具包括激光切割机、三维打印机、数控机械臂等。这些教学成果为数字技术在设计和建造中的应用积累了非常丰富的经验。

3. 数字设计工作营

早在 2011 年，南大建筑就和荷兰代尔夫特大学建筑系合作了数字化教学项目"量子点云工作坊"，中荷两国的 18 名学生共同完成了从设计到加工到建造的全过程。自 2015 年开始，数字技术逐渐成为工作营的固定主题之一，指导教师既有来自国内其他建筑院校的 CAAD 领域的专家，也有来自美国、澳大利亚、日本等国家的学者。多元化的指导教师也带来了更丰富的数字建造成果。部分设计的后续研究还在国际 CAAD 会议上发表和宣讲，充分体现了数字建造的探索性和研究性。

五、结语

建构，也即所谓的"建造的诗学"（Poetics of Construction），虽然在建筑学术上是在 20 世纪 90 年代才在西方（欧美日）兴起而逐渐成为显学的，但因为它摒弃了建筑形式的文化差异的价值标准，实质上是更具建筑本体论的学术视角，因而也应该更适应中国以及非西方文明体系的建筑文化 。[4] 然而，由于中国建筑界长期以来对西方学术体系盲目崇拜，以及改革开放以来在社会经济发展大潮之中对外来文化抱有强烈的猎奇心态，对源自西方理论的概念在未深入理解的前提下进行大势炒作已经成为一种常态。这导致南大建筑在从国外引进"建构"（Tectonic）这一学术概念时所做的工作也可能会被疑有哗众取宠之嫌。

今天我们回顾这段南大建筑的建造诗学历程，可以清楚地看到：当年南大建筑的成立，正是直面当代中国建筑与国际进一步接轨的发展需求，以及当时中国建筑学术水准相对落后的现实的结果。出于对常年笼罩在中国建筑界的"形式主义"和"风格论"强烈的不满和彻底的决裂之心，建构这种以建造为中心的学术思想被南大建筑选择，从而成为南大建筑的共识乃至学术组合的基础。也正因为这种对建筑学术追求的"初心"，而不是什么文字炒作，其在南大建筑随后的教学与研究之中不断得到探索而顺理成章地发展了。从理论上对西方当代建构思想的引介、解读，到对中国传统建筑文化的建构诠释；从以建构思想为指导的各种模型试验设计工作坊，到实际尺度＋材料的建造教学；从传统材料和工艺探讨的建造实验，到计算机辅助的设计加建造的数字建造设计研究……对于建构，南大建筑显然不是只说不做的猎奇者，也不是以哗众取宠为特征的西方学术之廉价贩卖者。

赵辰

2020 年 10 月 23 日于南京

注释:

1 笔者多年来从其他建筑学院的本科毕业生中招收硕士研究生，极为明显地感受到多数向往南大建筑的学子都是从建构入门了解南大建筑的。

2 根据行文方便和约定俗成的原则，既然建筑界已经接受"布杂"代表的法语"Ecola des Beaux-Arts"，我们应该可以用口语"埃泰哈"来代表德语"ETH-Z"（Eidgenössische Technische Hochschule Zürich）。

3 笔者曾于 2008 年为南大建筑的学术专辑《建筑文化研究》写过《"建构热"后话建构》一文，其中以"建构之我见"和"建构之中国见"为章节标题，强调了我们对于建构的态度并非如前辈学者们习惯的"拿来主义"，而是从内心和国情出发的真实需求。

4 参见赵辰：《"建构热"后话建构》，载丁沃沃、胡恒主编：《建筑文化研究》，中央编译出版社，2008。

目录　Contents

一、教学与研究

建构设计 Tectonic Design

1. 建构理论课程

当代建筑理论 2001—2020
Contemporary Architectural Theory 2001-2020

指导老师：王骏阳
Tutor：Wang Junyang

课程介绍

　　本课程是西方建筑史研究生教学的一部分，主要涉及当代西方建筑界具有代表性的思想和理论，其主题包括历史主义、先锋建筑、批判理论、建构文化以及对当代城市的解读等。本课程大量运用图片资料，广泛涉及哲学、历史、艺术等领域，力求在西方文化发展的背景中呈现建筑思想和理论的相对独立性及关联性，理解建筑作为一种人类活动所具有的社会和文化意义，启发学生的理论思维和批判精神。

The Sphere and the Labyrinth

Avant-Gardes and
Architecture from Piranesi
to the 1970s

理论就是一种反思

元理论

理论家

建筑师

材料与建造 2001—2020
Materials and Construction 2001-2020

指导老师：冯金龙
Tutor：Feng Jinlong

课程介绍

　　本课程介绍现代建筑技术的发展过程，论述现代建筑技术及其美学观念对建筑设计的重要作用；探讨由材料、结构和构造方式所形成的建筑建造的逻辑方式研究；研究建筑形式产生的物质技术基础，诠释现代建筑的建构理论与研究方法。

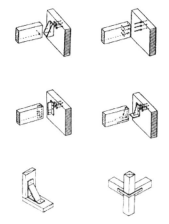

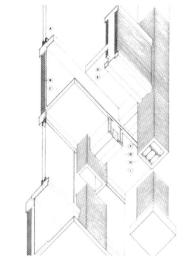

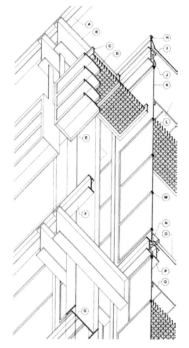

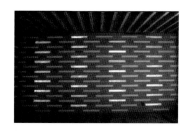

现代建筑结构观念的形成 2001—2006
Modern Structure: The Formation of Perception 2001-2006

指导老师：朱竞翔
Tutor：Zhu Jingxiang

课程介绍

    随着过去数百年间运河、铁路、桥梁、大跨度以及高层建筑的兴建，工程师主导了西方现代建筑发展中的技术进步。在不断经历失败与成功的过程当中，工程先驱们发展出一套控制风险、改进技术、获得新形式的可靠方法，并逐渐成为一支在意识上自治，与建筑师竞争或是合作的设计力量。这门课程整理描述了这样一段历史。

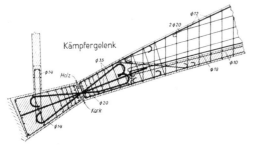

2. 建构设计教学

木拱桥的建构实验——木构跨度的实现方式与过程 2001

Experimental Construction of Wooden Structure：Realization Method and Process of Wooden Span 2001

指导老师：冯金龙
Tutor：Feng Jinlong

课程介绍

    本课程通过对中外传统建筑物或构筑物的考察调研分析，以实物模型（或计算机模型）为研究媒介，模拟实现木构跨度的建构技术手段，探讨由材料、结构和构造方式所形成的建筑建造的逻辑关系，研究建筑形式产生的物质技术基础。材料、结构、构造和形式的关系是建构理论深入探讨的问题。通过对材料技术性的操作和体验，这种关系被感知。在实际操作中获得关于材料的感性认识是学生建立建造与设计思维的基础。

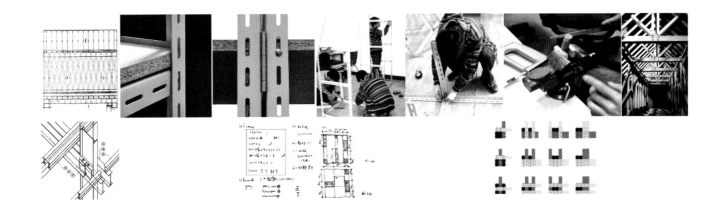

阶段 1　材质分析

建筑是材料组合的艺术，材料是建筑的物质基础。材料的合理选择和使用是基于对材料基本的物理力学性能、生成过程、使用特性以及连接方式与建造技术特点的充分认识与了解。

阶段 2　材料的连接方式研究

构造在设计中有着特殊的意义。各种材料按照一定的方式组合起来构成建筑物。构造体现了材料的组织方式，也蕴含了材料的逻辑表现形式。它是材料解释自我的方式，也是材料构成建筑的根本方式，它包含了丰富的意义和内涵。

阶段 3　间——构造与结构单元的研究

"间"是最基本的空间单元，从建造角度讲也是最基本的构造和结构单元，是建构技术研究的一个起点。运用建造的基本元素，在限定的条件下通过对材料构造方式变化的研究，理解不同构造方式对于结构的意义。

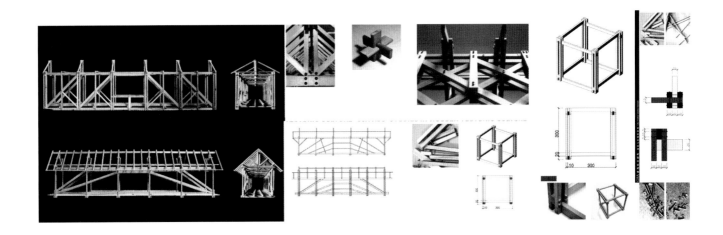

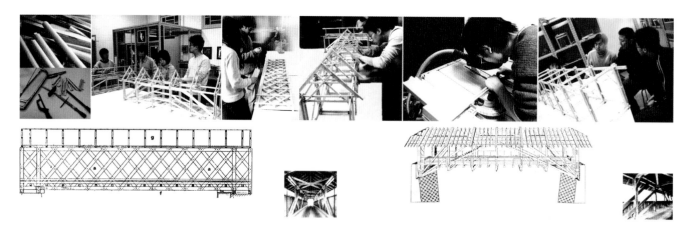

阶段 4　建造与结构单元组合建构的研究

以欧洲（瑞士）木拱桥为原型，运用作业 3 中的构造及
结构单元进行组合设计，充分利用材料的特性及其连接
方式完成木构的跨度，以实物模型（计算机模型）为研
究媒介，模拟实现木构跨度的建构技术手段，同时通过
对瑞士木拱桥与中国浙南、闽北地区木拱桥建构技术的
比较研究，探讨由材料、结构和构造方式所形成的建造
的逻辑关系，研究形式产生的物质技术基础。

跨度的建构实验——空间跨度的实现方式与过程 2002

Experimental Construction of Span: Realization Method and Process of Space Span 2002

指导老师：冯金龙

Tutor：Feng Jinlong

课程介绍

　　本课程通过对典型案例（传统建筑或构筑物）的考察调研分析，以实物模型（计算机模型）为研究媒介，模拟实现跨度的建构技术手段，探讨由材料、结构和构造方式所形成的建造的逻辑关系，研究形式产生的物质技术基础。材料、构造、结构和形式的关系是建构理论深入探讨的问题，通过对材料技术性的操作和体验，这种关系被感知。在实际操作中获得关于材料的感性认识是学生建立建造与设计思维的基础。

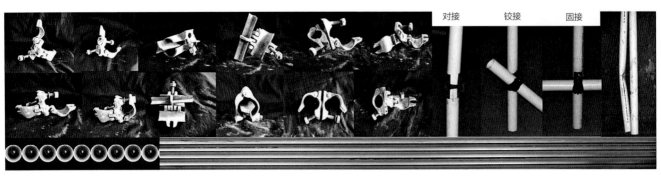

对接　　铰接　　固接

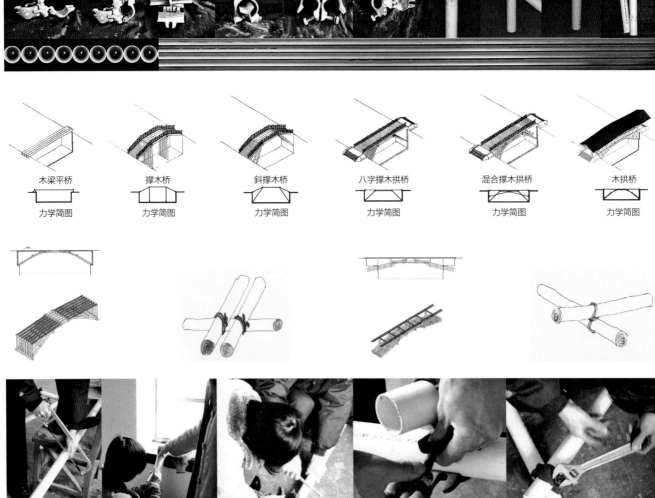

木梁平桥　　撑木桥　　斜撑木桥　　八字撑木拱桥　　混合撑木拱桥　　木拱桥

力学简图　　力学简图　　力学简图　　力学简图　　力学简图　　力学简图

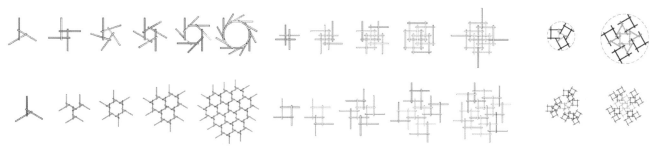

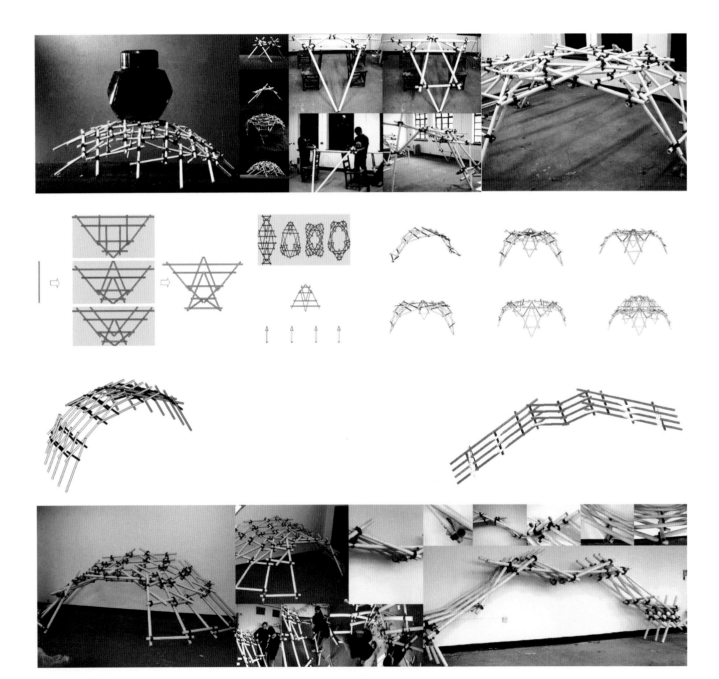

建构研究 2003
Tectonic Study 2003

指导老师：周凌

Tutor: Zhou Ling

教学目的

本课程关注两个基本问题：一是材料，一是连接。材料是形成建筑的实体部分，即形成空间的物质方式；连接是组织材料的方式，是建构表达的主要内容。建筑师通过选择材料及其连接方式来形成功能、空间，同时获得建筑形式。因此，建筑设计可以简化为两个步骤：（1）选择材质；（2）确定连接方式。课程从"材料"与"连接"两个概念出发，通过从家具到建筑、从小到大、从简单到复杂、从分项到综合的步骤，通过案例研究、实际操作与设计来帮助学生树立正确的材料与构造观念，掌握建筑设计中的基本技术和基础知识。

课程研究的三个基本内容：材料 / 尺度 / 构造。包含表面（surface）、材质（material）、密度（density）、层次（layer）、细部（detail）、大小（scale）、形状（type）、片段（fragment）、网格与框架（grid and frame）、光与深度（light and depth）、透明与真实（ransparency and truth）等方面。

研究阶段

一、分析实践

题目 1：分析一只椅子

题目 2：设计一只椅子

二、设计实践

题目 1：3.2m 层高公寓室内（含家具），设计并虚拟施工

题目 2：砖窑改造

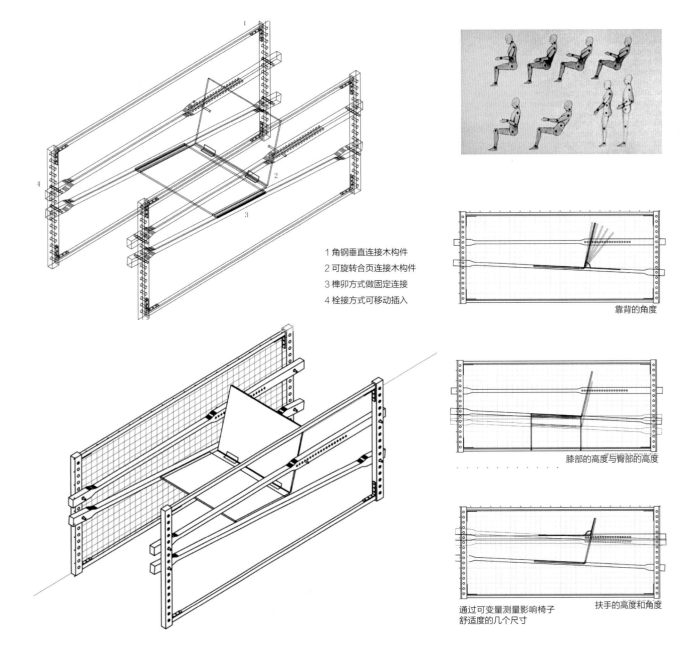

1 角钢垂直连接木构件
2 可旋转合页连接木构件
3 榫卯方式做固定连接
4 栓接方式可移动插入

靠背的角度

膝部的高度与臀部的高度

通过可变量测量影响椅子
舒适度的几个尺寸

扶手的高度和角度

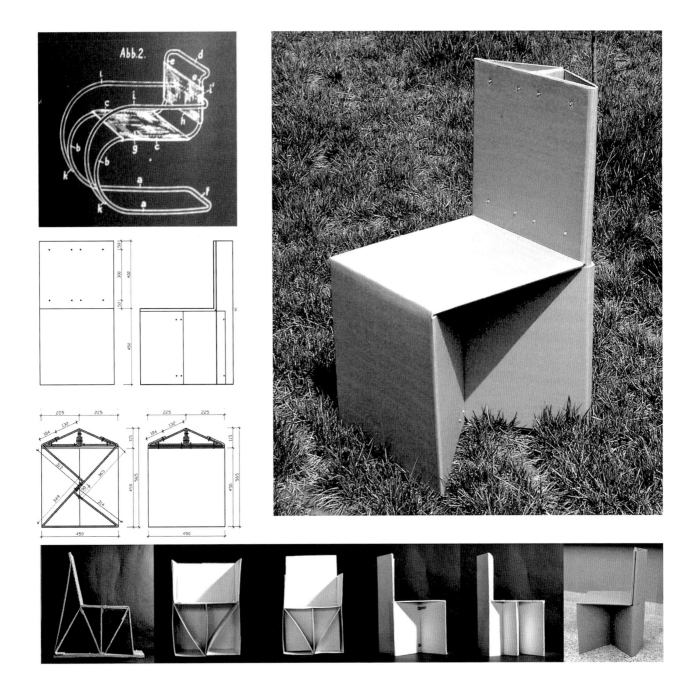

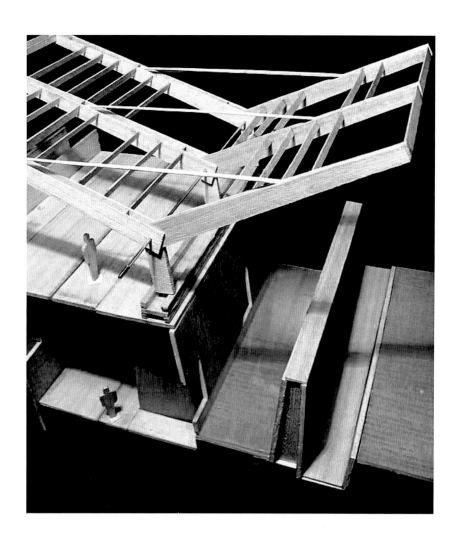

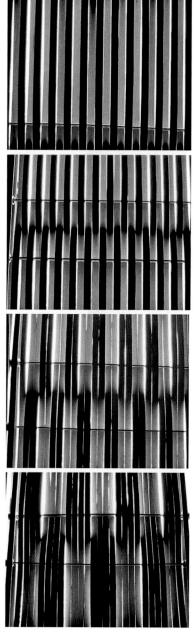

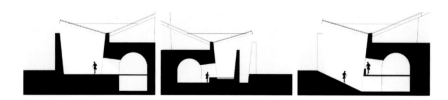

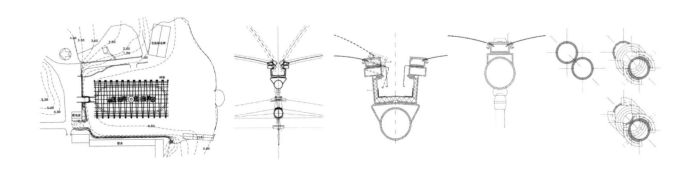

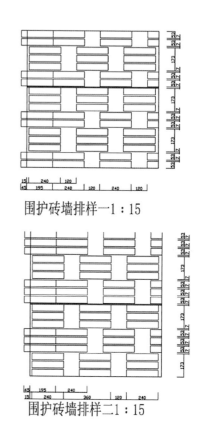

围护砖墙排样一1：15

围护砖墙排样二1：15

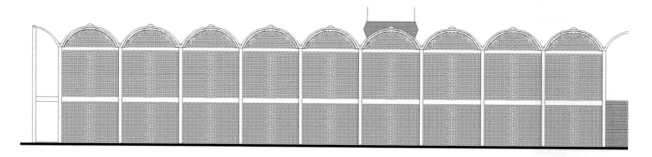

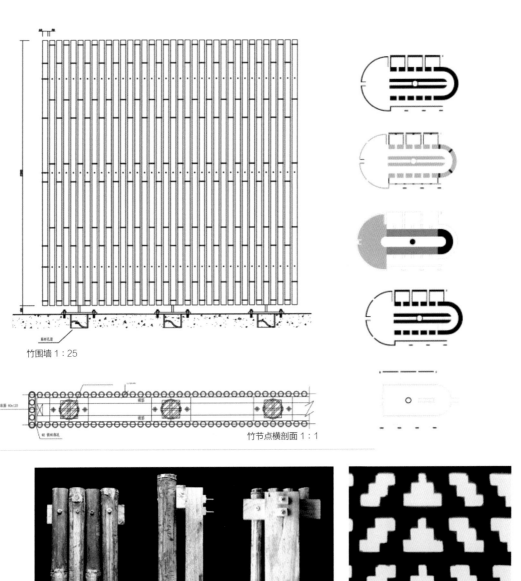

竹围墙 1：25

竹节点横剖面 1：1

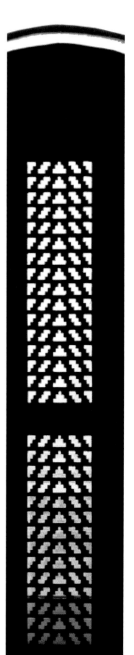

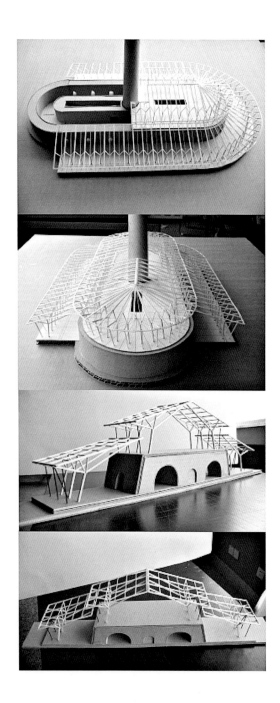

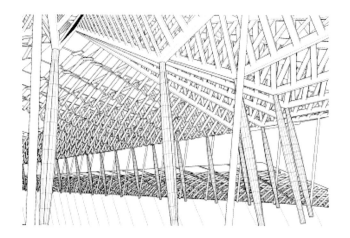

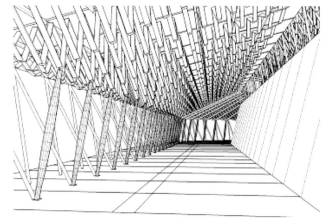

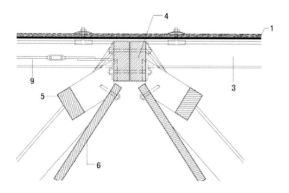

自主搭建中的结构 2005
Structuring the Self-Built Hut 2005

指导老师：朱竞翔

Tutor: Zhu Jingxiang

自主搭建中的结构：盐城案例

这一工作坊带领学生走访盐城滨海地区，了解当地居民的生产活动，记录其对土地的利用，调查自发及规划的棚屋建设，分析其空间生成与变化。课程希望学生能从中认识到土地利用、聚落组织以及生活形态之间的结构性关系，并从中观察、学习与表述空间结构及变化的方法。课程在旅行中组织讲课与研讨，并以展览的形式呈现学习的成果。

建构研究 2007
Tectonic Study 2007

指导老师：冯金龙 / 周凌 / 傅筱
Tutors: Feng Jinlong / Zhou Ling / Fu Xiao

　　材料、构造、结构和形式的关系是建构理论深入讨论的问题，建构研究的课程的改革也一直致力于此。建构课程基于对基本设计的深化而展开，对其基本设计中选用的材料、构造、结构和形式的合理性提出更高的要求。通过设计的深化与发展，能够对各种不同的建造技术特点、材料使用原则、节点构造方式，探讨由材料、结构和构造方式所形成的建造的逻辑关系，研究形式产生的物质技术基础。

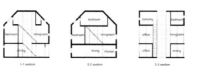

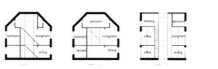

空间

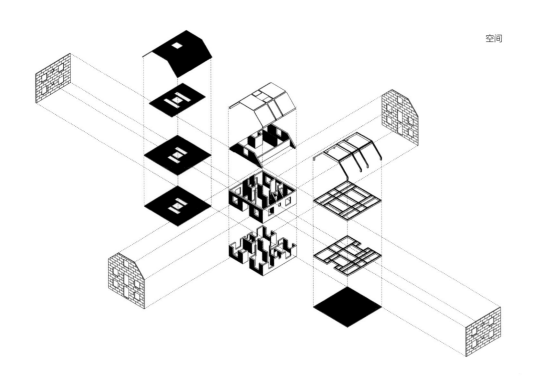

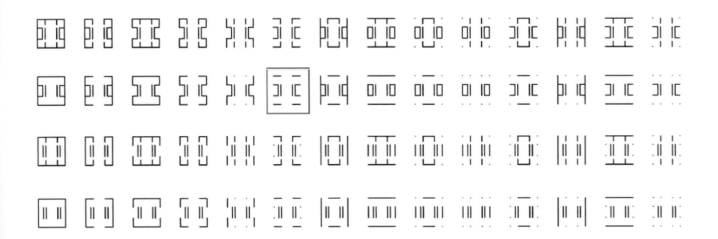

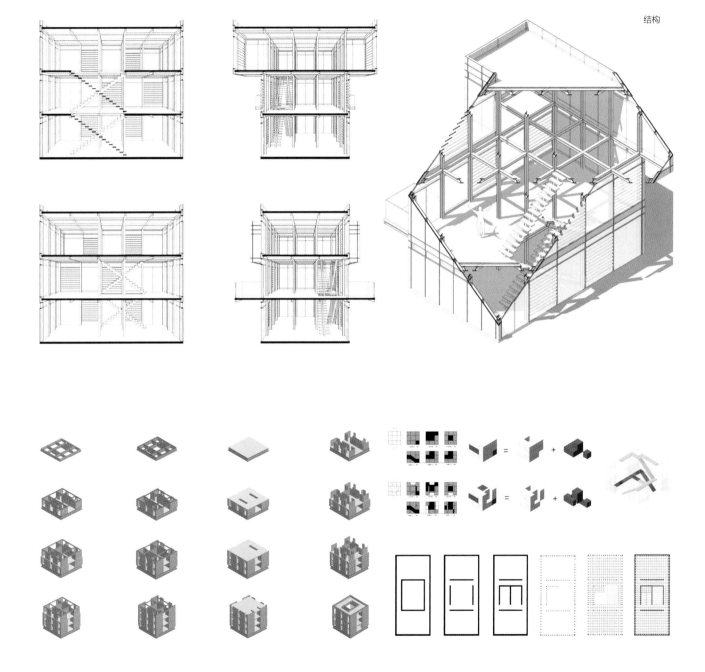

结构

构造

1　屋顶构造
　　金属瓦屋面
　　20mm×20mm 方木 @300mm
　　沥青屋面材料
　　橡胶合层积材
　　防水夹板
　　100mm 石棉隔热层
　　隔汽层
　　120mm 钢筋混凝土板
2　薄锌板排水沟
3　110mm 隔热聚乙烯落水管
4　墙的拉杆
5　外墙构造
　　120mm 饰面砖
　　65mm 空腔
　　防水层
　　保温层
　　85mm 挤塑保温板
　　240mm 承重砖墙
　　25mm 抹灰
6　130mm 预制钢筋混凝土浅过梁
7　15mm 双层玻璃硬木窗框
8　外部窗台
　　130mm 预制混凝土
9　50/320mm 木窗台板
10　20mm 薄橡木刨花板
11　楼面构造
　　20mm 木板胶合并上油
　　50mm 隔离层
　　2mm 聚乙烯隔离层
　　10mm 隔声层
　　20mm 水泥砂浆找平层
　　120mm 钢筋混凝土楼板
　　10mm 抹灰

12　雨水落水管出口
13　防水砂浆勒脚
14　散水
15　基础
16　地面构造 1
　　30mm×30mm 陶瓷锦砖
　　20mm 砂浆覆盖层(带 1% 排水找坡)
　　50mm 膨胀珍珠岩保温砂浆
　　2mm 卷材防水层
　　20mm 砂浆找平层
　　120mm 密实防水混凝土
　　50mm 混凝土垫层
　　素土夯实
17　地面构造 2
　　20mm 木板胶合并上油
　　30mm 找平层
　　50mm 膨胀珍珠岩保温砂浆
　　2mm 卷材防水层
　　20mm 水泥砂浆找平层
　　120mm 密实防水混凝土
　　50mm 混凝土垫层
　　素土夯实
18　地面构造 3
　　鹅卵石
　　20mm 水泥砂浆找平层
　　120mm 密实防水混凝土
　　50mm 混凝土垫层
　　素土夯实
19　40mm 木板
20　5mm 不锈钢金属支架
21　200mm C 型槽钢
22　直径 9mm 螺栓链接
23　15mm 不锈钢金属板

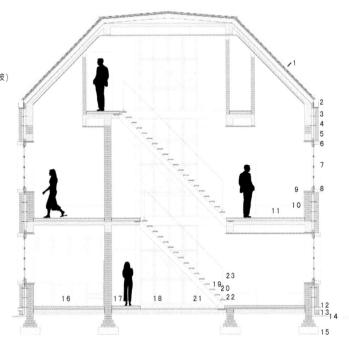

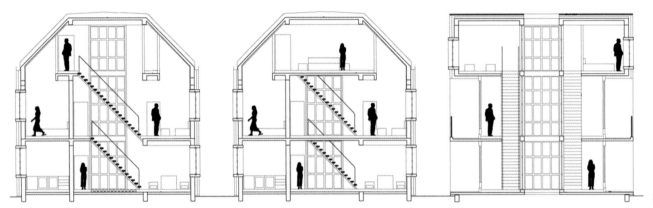

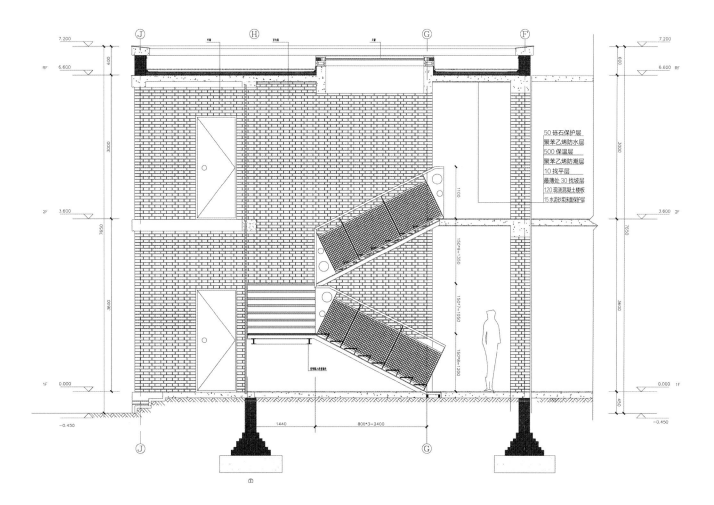

50 砾石保护层
聚苯乙烯防水层
500 保温层
聚苯乙烯防潮层
10 找平层
最薄处 30 找坡层
120 现浇混凝土楼板
15 水泥砂浆抹面保护层

　　方案平面具有明显的模数网格，故采用了砖混结构的横墙承重体系。设计研究了砖
混结构体系的特点、与空间的关系、对空间与立面的影响、砖模数与平面网格模数的关系，
并着重研究了砖混结构的细部构造方式。

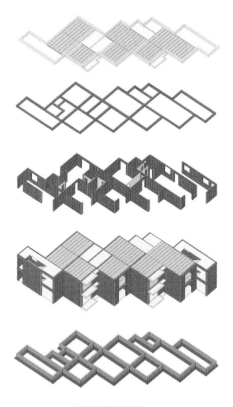

结构材料转换

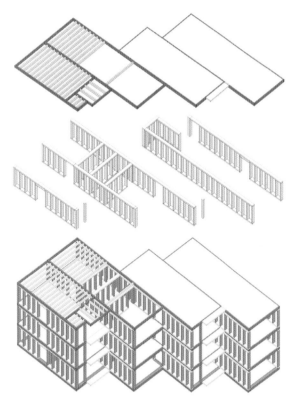

木板墙承重构件分解 　　　　　　　　　　　　　　　　　　　　　砖墙承重构件分解

本设计从呼应周边民国建筑群的环境出发，并结合建筑本身的空间特点，将其结构形式转换为轻木框架体系。中间核心筒用小截面、小间距的木格栅加以外部维护木板形成承重木墙，外围护在大的洞口两侧通过增大木格栅的截面尺寸来保证其受力合理。同时针对木结构建筑的保温、防水进行了重点设计。

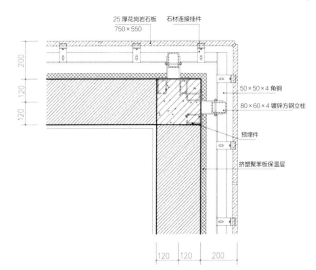

干挂石材阳角平面详图

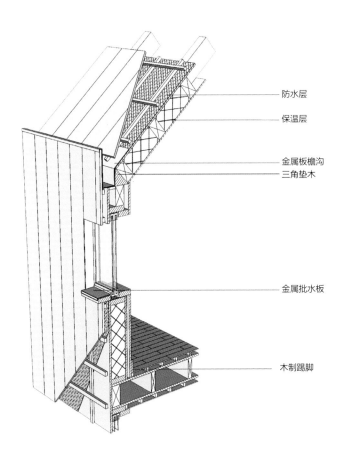

防水层

保温层

金属板檐沟
三角垫木

金属批水板

木制踢脚

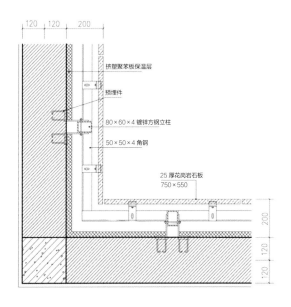

干挂石材阴角平面详图

框架结构

　　根据原方案的设计出发点网格确定 4m×6m 的柱网。为提高室内界面质量，减少方柱突出于内墙的情况，方案中采用异型柱。外维护系统尝试了普通外墙构造做法和干挂石材构造做法。

砖混结构

　　砖混结构是常见的构筑方式。在结构体系中，砖墙作为承重墙承担建筑的荷载，用钢筋混凝土制作楼板和屋面，构造柱和圈梁加强了结构的整体性。

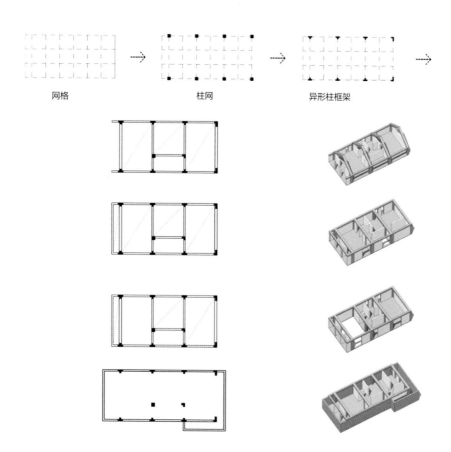

网格　　　　　　　柱网　　　　　　异形柱框架

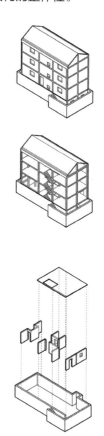

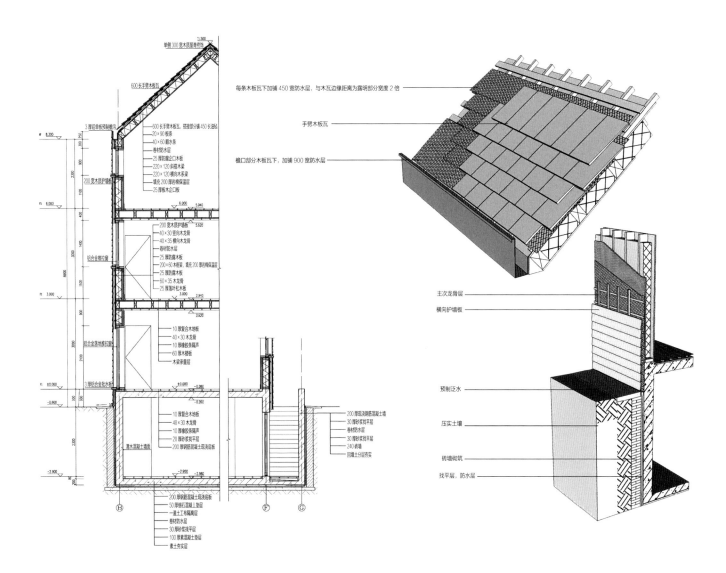

每条木板瓦下加铺 450 宽防水层，与木瓦边缘距离为露明部分宽度 2 倍

手劈木板瓦

檐口部分木板瓦下，加铺 900 宽防水层

主次龙骨层

横向护墙板

预制泛水

压实土壤

砖墙砌筑

找平层，防水层

建构研究 2008
Tectonic Study 2008

指导老师：冯金龙／周凌
Tutors：Feng Jinlong / Zhou Ling

ELEMENT: WATER

ELEMENT: WOOD

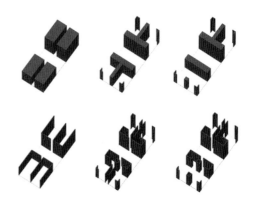

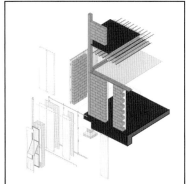

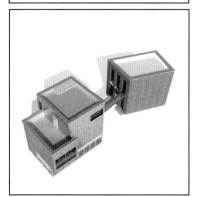

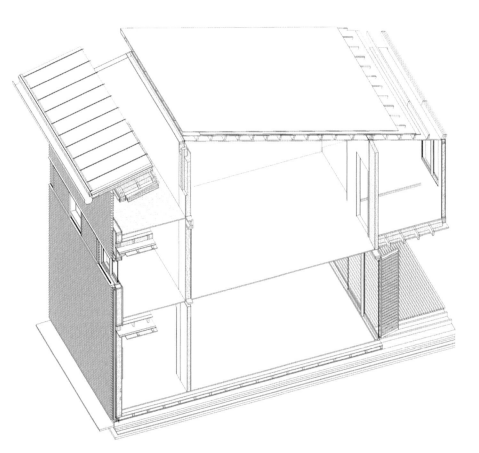

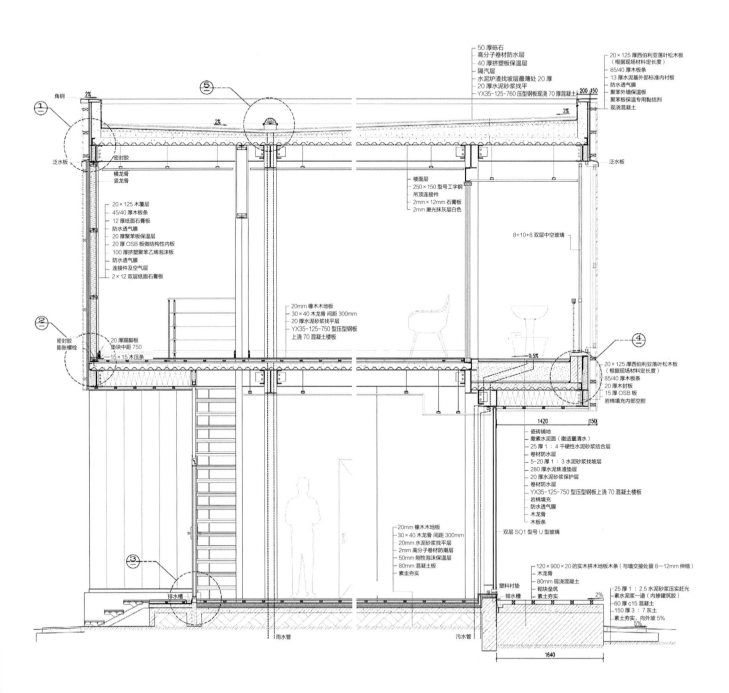

50 厚砾石
高分子卷材防水层
40 厚挤塑板保温层
隔汽层
水泥炉渣找坡层最薄处 20 厚
20 厚水泥砂浆找平
YX35-125-760 型压型钢板现浇 70 厚混凝土

20×125 厚西伯利亚落叶松木板
（根据现场材料定长度）
85/40 厚木板条
13 厚水泥基外部标准内衬板
防水透气膜
聚苯外墙保温板
聚苯板保温专用黏结剂
现浇混凝土

角钢

泛水板
密封胶

横龙骨
竖龙骨

20×125 木覆层
45/40 厚木板条
12 厚纸面石膏板
防水透气膜
20 厚聚苯板保温层
20 厚 OSB 板做结构性内板
100 厚挤塑聚苯乙烯泡沫板
防水透气膜
连接件及空气层
2×12 双层纸面石膏板

楼面层
250×150 型号工字钢
吊顶连接件
2mm×12mm 石膏板
2mm 磨光抹灰白色

泛水板

8+10+8 双层中空玻璃

20mm 橡木木地板
30×40 木龙骨 间距 300mm
20 厚水泥砂浆找平
YX35-125-750 型压型钢板
上浇 70 混凝土楼板

密封胶
膨胀螺栓

20 厚踢脚板
垫块中距 750
15×15 木压条

20×125 厚西伯利亚落叶松木板
（根据现场材料定长度）
85/40 厚木板条
20 厚木封板
15 厚 OSB 板
岩棉填充内部空腔

0.5%

瓷砖铺地
撒素水泥面（撒适量清水）
25 厚 1：4 干硬性水泥砂浆结合层
卷材防水层
5-20 厚 1：3 水泥砂浆找坡层
280 厚水泥焦渣垫层
20 厚水泥砂浆保护层
卷材防水层
YX35-125-750 型压型钢板上浇 70 混凝土楼板
岩棉填充
防水透气膜
木龙骨
木板条

双层 SQ1 型号 U 型玻璃

20mm 橡木木地板
30×40 木龙骨 间距 300mm
20mm 水泥砂浆找平
2mm 高分子卷材防潮层
50mm 刚性泡沫保温层
80mm 混凝土板
素土夯实

塑料衬垫

排水槽

120×900×20 的实木拼木地板木条（与墙交接处留 8—12mm 伸缩）
木龙骨
80mm 现浇混凝土
砌块垒筑
素土夯实

排水槽

25 厚 1：2.5 水泥砂浆压实赶光
素水泥浆一道（内掺建筑胶）
60 厚 c15 混凝土
150 厚 3：7 灰土
素土夯实，向外坡 5%

2%

雨水管

污水管

塑料衬垫

1420　　150

200　150

1640

基础构造
a——粗砾石
b——土工织物垫层，羊毛
c——回填土，土壤，废石料
d——细砾石
e——排水设备，多孔管
f——细砂
g——排水暗沟
h——草坪
I——多孔板
m——素混凝土

地坪构造
q——GBF 管现浇钢筋混凝土空心楼板
r——隔汽层
s——50 厚保温层
t——带地板下供暖的找平层
n——3 厚环氧树脂类地坪涂料
i——十字交叉梁
j——沥青涂层
k——100 厚聚苯板保温层

幕墙构造
1——水平向幕墙方钢龙骨
2——角钢固定
3——保温层
4——金属夹具
5——水泥纤维板挡板
6——金属拉结件
7——金属防雨板
8——铝连接
9——垂直向幕墙方钢龙骨
10——屋顶钢梁
11——H 形钢梁
12——弹性垫层
13——L 形金属固定件
14——10 厚镀膜玻璃（外层玻璃外侧镀膜）
15——10 厚低辐射镀膜玻璃（内层玻璃外侧镀膜）
16——100mm×100mm 中空方钢
17——电镀铝窗，装有固定玻璃扇
18——双层中空低辐射镀膜玻璃（内层玻璃外侧镀膜）

遮阳构造
19——预先风化处理过的穿孔铝板，弯曲成型
20——铝板固定框
21——膨胀螺栓
22——百叶窗扇拉轴
23——幕墙铝窗（与楼板连接）
24——T 形竖向钢龙骨
25——金属隔栅
26——金属百叶上端转轴件
27——金属百叶连接件
28——金属百叶下端活动件

屋顶构造
u——结合层
v——100 厚保温层
w——松散保温材料找坡
x——Z 形型材悬挂
y——T12 防水夹板
yy——8mm 防潮板
zz——弹性垫
zz——镍锌合金防水板

楼板构造
q——GBF 管现浇钢筋混凝土空心楼板
t——带地板下供暖的找平层
n——3 厚环氧树脂类地坪涂料
o——50 厚冲击声隔声层
p——分离层

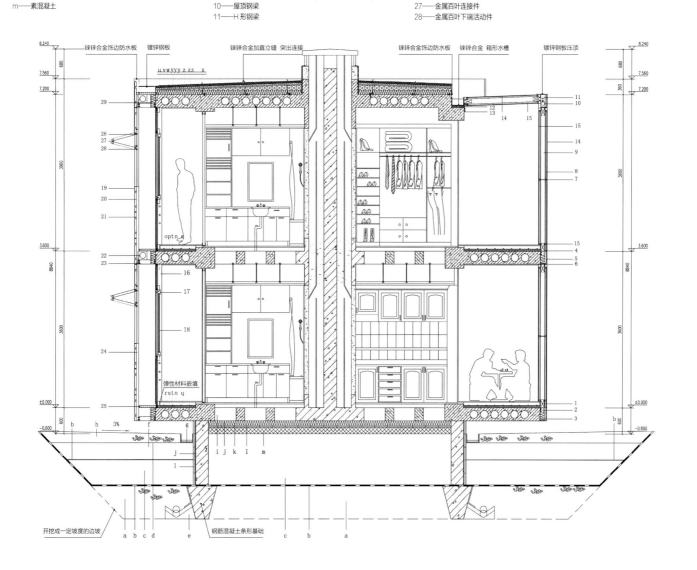

西溪湿地艺术家住宅建构设计 2008

Explanatory Notes on Architectural Design for Artists' Residences in Xixi Wetland 2008

指导老师：傅筱

Tutor：Fu Xiao

　　建筑（大单元）中放入一个"大家具"（小单元）起到限定和划分空间的作用。大单元为一个混凝土盒子，用剪力墙加厚结构，小单元则为钢结构，内部体量采用悬吊于钢筋混凝土厚板上的钢桁架构。小单元的外表皮用压延铝丝网以追求管状展厅延续的体量。

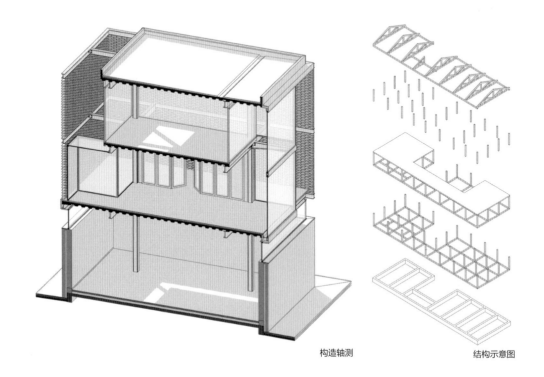

构造轴测   结构示意图

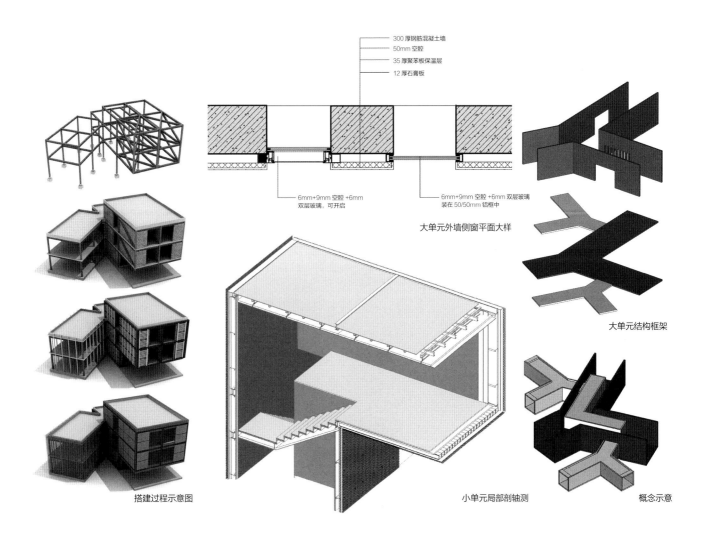

300 厚钢筋混凝土墙
50mm 空腔
35 厚聚苯板保温层
12 厚石膏板

6mm+9mm 空腔 +6mm
双层玻璃，可开启

6mm+9mm 空腔 +6mm 双层玻璃
装在 50/50mm 铝框中

大单元外墙侧窗平面大样

大单元结构框架

搭建过程示意图

小单元局部剖轴测

概念示意

建构研究 2009（Ⅰ）
Tectonic Study 2009（Ⅰ）

指导老师：冯金龙 / 周凌
Tutors：Feng Jinlong / Zhou Ling

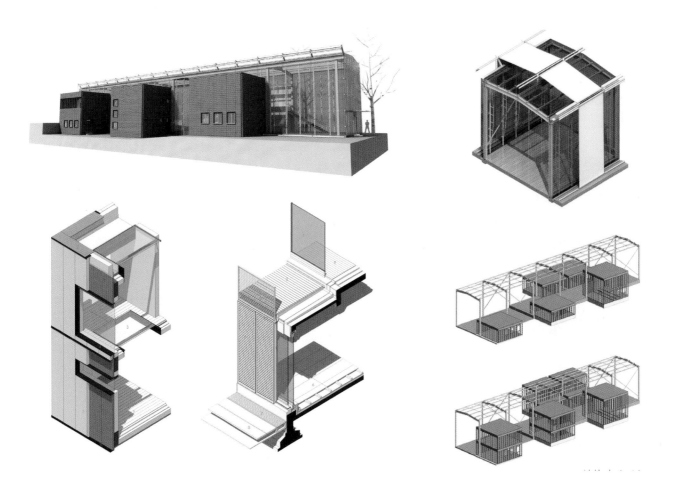

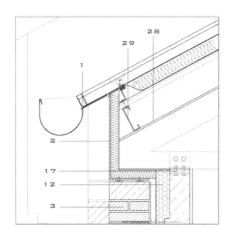

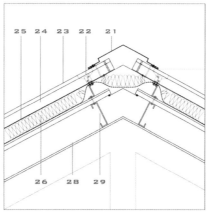

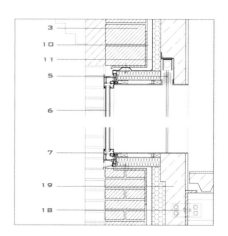

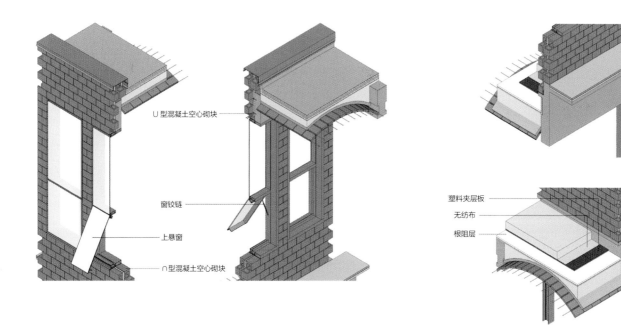

U 型混凝土空心砌块

窗铰链

上悬窗

∩型混凝土空心砌块

塑料夹层板

无纺布

根阻层

设计研究的目标

目标 1

空间形态的重新整合。此目标以结构为研究主题，并分为两个阶段。

1. 结构材料的转换。此阶段要求学生于两周时间内在砖石砌体、混凝土、钢 / 木等多种结构材料中选择两种或以上进行研究和转换。

2. 结构类型的转换。此阶段要求学生于一周时间内在框架结构、承重墙结构和混合结构等多种结构类型中选择两种或以上进行研究和转换。

目标 2

建筑形式的构造表现。此目标以构造（外围护系统）为研究主题，并分为两个阶段。

1. 构造功能的分解。此阶段要求学生于两周时间内在防水、保温、遮阳等多种构造功能中选择两种或以上功能进行研究。

2. 构造体系的整合。此阶段要求学生于两周时间内在实体构造系统和分层 / 开放构造系统中选择一个类型并对 2—3 个部位进行研究和整合。

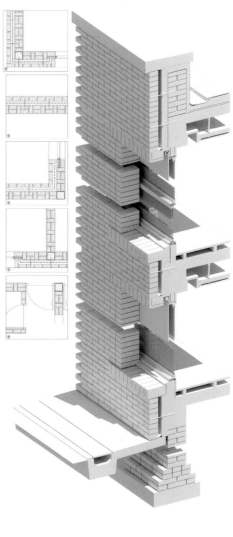

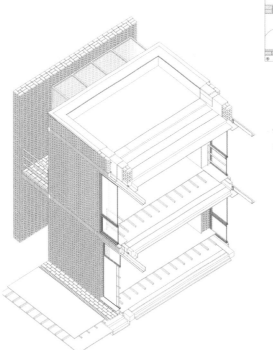

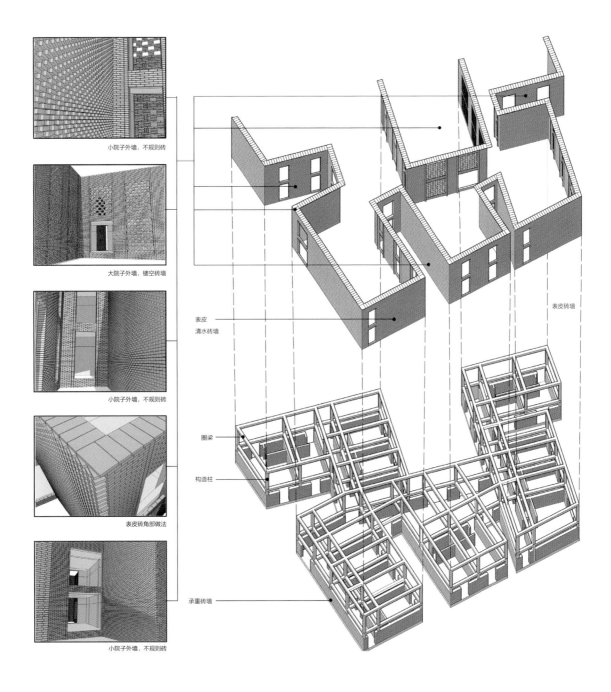

小院子外墙，不规则砖

大院子外墙，镂空砖墙

小院子外墙，不规则砖

表皮砖角部做法

小院子外墙，不规则砖

表皮
清水砖墙

表皮砖墙

圈梁

构造柱

承重砖墙

建构研究 2009（Ⅱ）
Tectonic Study 2009（Ⅱ）

指导老师：傅筱

Tutor：Fu Xiao

研究目的

1. 不同结构类型对应的空间形态特征研究。

2. 设计概念与构造设计。

设计研究内容与计划（2 人 / 组）

1. 结构类型转换

要求：根据基础设计的结构类型转换为另外一种不同的结构类型，重点研究不同结构类型产生的空间特征，并研究结构类型对原设计概念的制约或促进作用。

2. 设计概念与构造设计。

要求：

（1）处理好节点的基本工程技术问题

A. 对自然力的抵抗与利用：保温、防水、遮阳……

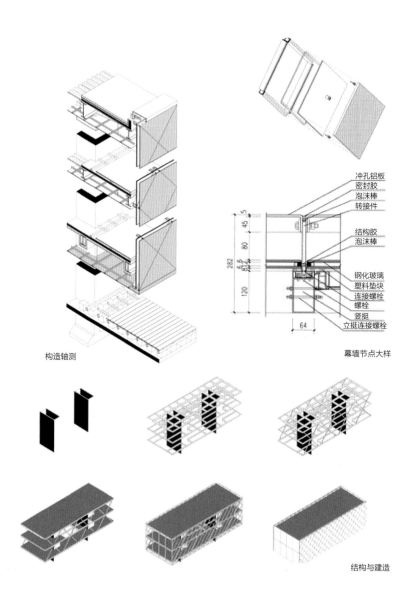

构造轴测

幕墙节点大样

冲孔铝板
密封胶
泡沫棒
转接件

结构胶
泡沫棒

钢化玻璃
塑料垫块
连接螺栓
螺栓
竖挺
立挺连接螺栓

结构与建造

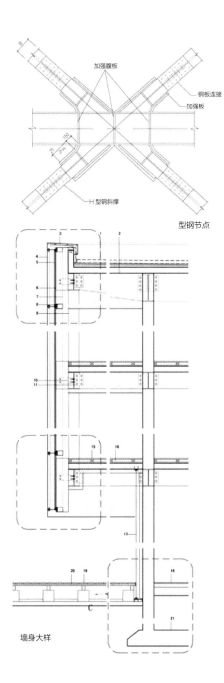

加强腹板

钢板连接

加强板

H 型钢斜撑

型钢节点

墙身大样

B. 构造的施工：复杂问题简单化、建造方便性、误差问题⋯⋯

（2）根据设计概念研究建造材料的选用和节点设计，在满足基本功能性构造技术的前提下，重点研究超越功能性技术问题的构造设计表达。

3. 设计成果整理与表现

要求：

大比例平立剖图纸，表达深度达到施工图深度。

节点大样必须有剖面节点、平面节点、三维节点示意。

必须有带节点的空间透视表达。

必须有带节点的三维轴测表达。

设计说明

　　本次建构设计是深化基本设计的青年艺术家方案。设计主要选用青砖承重结构，与区内现有建筑的材质相呼应，以轻薄透的 PC 阳光板为围护的轻钢结构做工作室，契合工作室漫射光需求，同时材料的对比凸显工作室的存在。

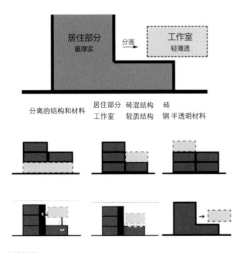

分离的结构和材料　　居住部分　砖混结构　砖
　　　　　　　　　　工作室　　轻质结构　钢 半透明材料

构造轴测

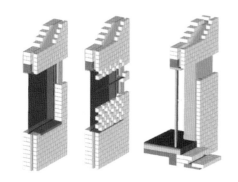

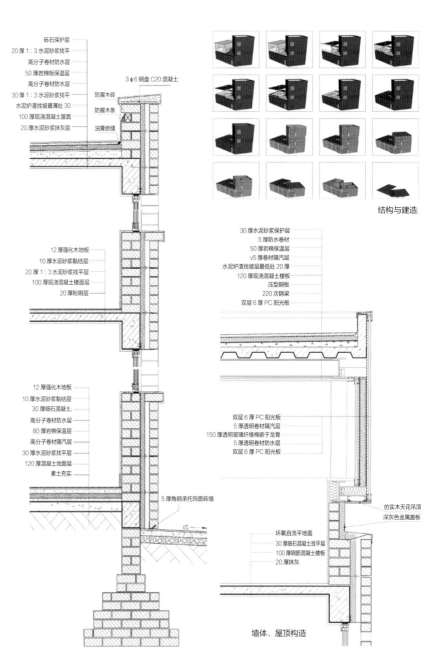

砾石保护层
20 厚 1：3 水泥砂浆找平
高分子卷材防水层
50 厚岩棉保温层
高分子卷材防水层   3φ6 钢盘 C20 混凝土
30 厚 1：3 水泥砂浆找平
防腐木砖
水泥炉渣找坡最薄处 30   防腐木条
100 厚现浇混凝土屋面
20 水泥砂浆抹灰层   油青嵌缝

12 厚强化木地板
10 厚水泥砂浆黏结层
20 厚 1：3 水泥砂浆找平层
100 厚现浇混凝土楼面层
20 厚粉刷层

12 厚强化木地板
10 厚水泥砂浆黏结层
30 厚细石混凝土
高分子卷材防水层
80 厚岩棉保温层
高分子卷材隔汽层
30 厚水泥砂浆找平层
120 厚混凝土地面层
素土夯实
　　　　　　　　　　　　5 厚角钢承托饰面砖墙

结构与建造

30 厚水泥砂浆保护层
5 厚防水卷材
50 厚岩棉保温层
v5 厚卷材隔汽层
水泥炉渣找坡层最低处 20 厚
120 厚现浇混凝土楼板
压型钢板
220 次钢梁
双层 6 厚 PC 阳光板

双层 6 厚 PC 阳光板
5 厚透明卷材隔汽层
150 厚透明玻璃纤维棉嵌于龙骨
5 厚透明卷材防水层
双层 6 厚 PC 阳光板

　　　　　　　　　　　　仿实木天花吊顶
　　　　　　　　　　　　深灰色金属盖板

环氧自流平地面
30 厚细石混凝土找平层
100 厚钢筋混凝土楼板
20 厚抹灰

墙体、屋顶构造

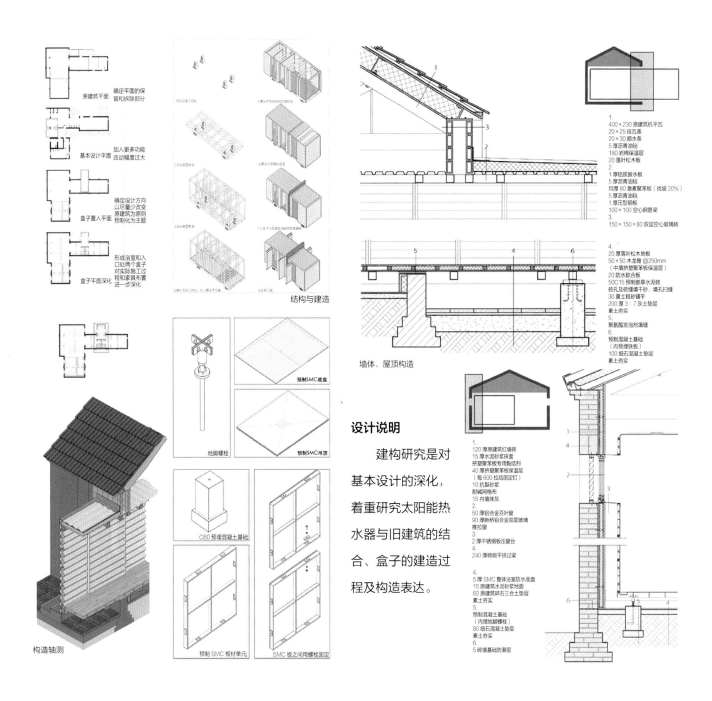

确定平面的保
留和拆除部分

原建筑平面

加入更多功能
改动幅度过大

基本设计平面

确定设计方向
以尽量少改变
原建筑为原则
预制化为主题

盒子置入平面

形成浴室和入
口处两个盒子
对实际施工过
程和家具布置
进一步深化

盒子平面深化

构造轴测

结构与建造

地脚螺栓

预制SMC底盘

预制SMC吊顶

C60预埋混凝土基础

预制SMC板材单元　　**SMC板之间用螺栓固定**

墙体、屋顶构造

1.
400×230 原建筑机平瓦
20×25 挂瓦条
20×30 顺水条
5 厚沥青油毡
180 岩棉保温层
20 落叶松木板
2.
1 厚铝质披水板
5 厚沥青油毡
均厚 80 激素聚苯板（找坡 20%）
5 厚沥青油毡
1 厚压型钢板
100×100 空心钢管梁
3.
150×150×80 双层空心玻璃砖

4.
20 厚落叶松木地板
50×50 木龙骨 @250mm
（中填聚苯板保温层）
20 防水胶合板
50C15 预制嵌草水泥砖
砖孔及砖缝填干砂，填孔扫缝
30 黄土粗砂铺平
200 厚 3：7 灰土垫层
素土夯实
聚氨酯发泡剂填缝
预制混凝土基础
（内预埋铁板）
100 细石混凝土垫层
素土夯实

设计说明

　　建构研究是对
基本设计的深化，
着重研究太阳能热
水器与旧建筑的结
合、盒子的建造过
程及构造表达。

1.
120 厚原建筑红墙砖
15 厚水泥砂浆抹面
挤塑聚苯板专用黏结剂
40 厚挤塑聚苯板保温层
（每 600 拉结固定钉）
10 抗裂砂浆
耐碱网格布
15 内墙抹灰
2.
50 厚铝合金百叶窗
90 厚断桥铝合金双层玻璃
推拉窗
2 厚不锈钢板压窗台
240 厚砖砌平拱过梁

4.
厚 SMC 整体浴室防水底盘
15 厚原建筑水泥砂浆地面
60 原建筑碎石三合土垫层
素土夯实
5.
预制混凝土基础
（内埋地脚螺栓）
80 细石混凝土垫层
素土夯实
6.
5 砖墙基础防潮层

建构研究 2009（Ⅲ）
Tectonic Study 2009（Ⅲ）

指导老师：郭屹民

Tutor：Guo Yimin

教学目的

1. 掌握结构设计基础知识，并会进行结构分析和结构设计。

2. 了解结构设计与功能的关系，并会进行与功能相关的建筑结构设计。

3. 了解结构的材料与建造，并会通过材料和建造进行建筑结构设计。

课程讲座

（一）结构设计基本原理（2009年 11 月 16 日）

（二）结构基本类型综述（上）（2009 年 11 月 23 日）

（三）结构基本类型综述（下）（2009 年 11 月 30 日）

（四）结构的材料与建造（2009年 12 月 14 日）

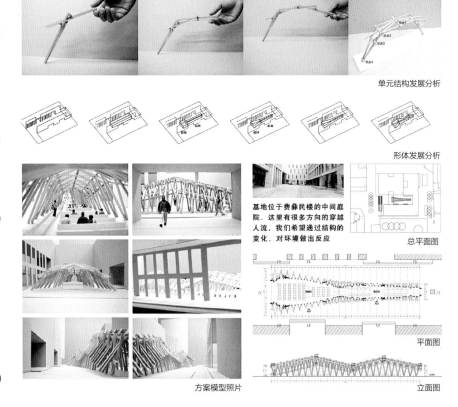

单元结构发展分析

形体发展分析

基地位于费彝民楼的中间庭院，这里有很多方向的穿越人流，我们希望通过结构的变化，对环境做出反应

总平面图

平面图

立面图

方案模型照片

（五）从连接到生成的方法——日本当代建筑的结构表象（2009 年 12 月 21 日）

课程作业

　　1. 针对概念设计提交的设计作业做结构分析，要求制作 PPT 文件汇报成果（2009年 11 月 17 日—11 月 23 日）。

　　2. 跨度结构设计（2009 年 11 月 17 日—11 月 30 日）。

　　3. 关于"结构与功能"讨论的论文（2009 年 12 月 1 日—12 月 7 日）。

　　4. 南京大学校园艺术品临时展廊（2009 年 12 月 1 日—2010 年 1 月 14 日）。

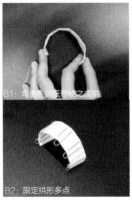

A1：没有限定的书本边缘容易变形
订书针
A2：钉住两点的边缘变形受限
B1：弯曲多层纸带使之成拱
B2：限定拱形多点

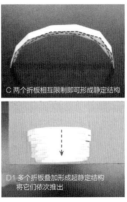

C 两个折板相互限制即可形成静定结构

D1 多个折板叠加形成超静定结构
将它们依次推出

杆件受力分析得出形式

E 根据弯矩图得出，中部弯矩最大处
需要有最大的应力面积，向两侧递减

外圈折板受均布荷载，外圈受压内圈受拉

内圈折板受均布荷载，内圈受压外圈也受压

折板变为三角形后的受力情况，
外侧边受压，内侧边受拉，弯矩
从外侧向内侧逐渐变小

建构研究 2010
Tectonic Study 2010

指导老师：傅筱

Tutor：Fu Xiao

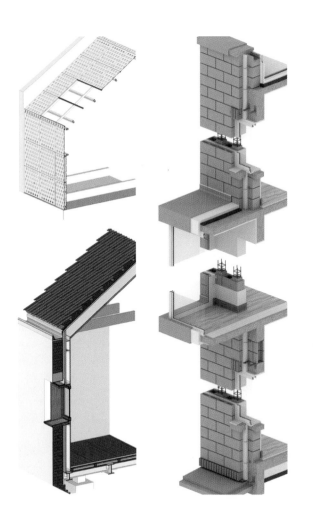

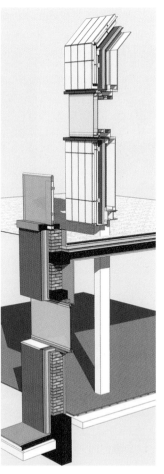

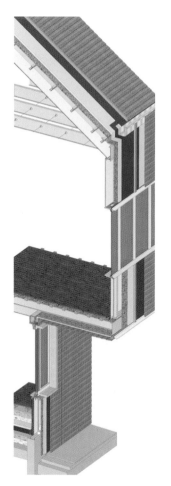

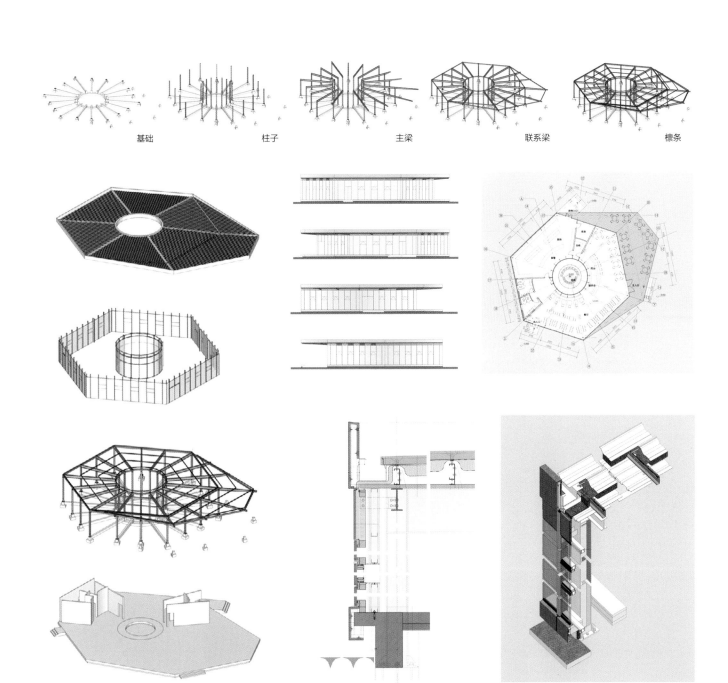

基础　　　　　　柱子　　　　　　主梁　　　　　　联系梁　　　　　　檩条

建构研究 2011（Ⅰ）
Tectonic Study 2011（Ⅰ）

指导老师：傅筱

Tutor: Fu Xiao

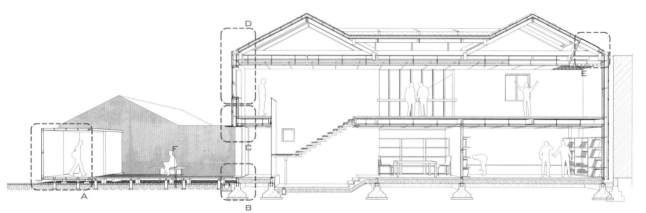

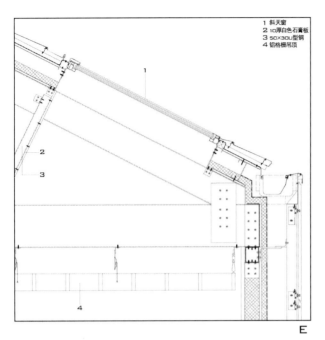

1 斜天窗
2 10厚白色石膏板
3 50×30U型钢
4 铝格栅吊顶

E

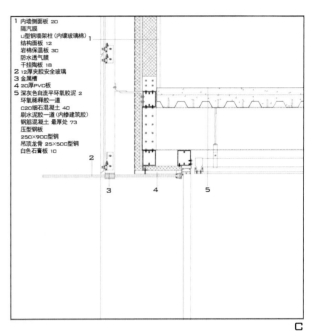

1 内墙侧面板 20
  隔汽膜
  U型钢墙架柱(内镶玻璃棉)
  结构面板 12
  岩棉保温板 30
  防水透气膜
  干挂陶板 18
2 12厚夹胶安全玻璃
3 金属槽
4 20厚PVC板
5 深灰色自流平环氧胶泥 2
  环氧稀释胶一道
  C20细石混凝土 40
  刷水泥胶一道(内掺建筑胶)
  钢筋混凝土 最厚处 73
  压型钢板
  250×90C型钢
  吊顶龙骨 25×50C型钢
  白色石膏板 10

C

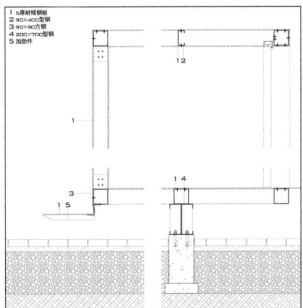

1 5厚耐候钢板
2 90×40C型钢
3 90×90方钢
4 200×700型钢
5 加劲件

A

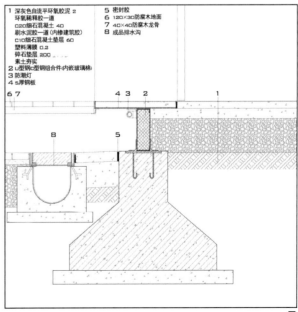

1 深灰色自流平环氧胶泥 2
  环氧稀释胶一道
  C20细石混凝土 40
  刷水泥胶一道(内掺建筑胶)
  C10细石混凝土垫层 60
  塑料薄膜 0.2
  碎石垫层 200
  素土夯实
2 U型钢C型钢组合件(内嵌玻璃棉)
3 防潮灯
4 5厚钢板
5 密封胶
6 120×30防腐木地面
7 40×40防腐木龙骨
8 成品排水沟

B

建构研究 2011（Ⅱ）
Tectonic Study 2011（Ⅱ）

指导老师：郭屹民
Tutor：Guo Yimin

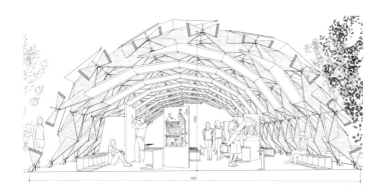

课程目标

  1. 掌握结构设计基础知识，并会进行结构分析和结构设计。

  2. 了解结构设计与功能的关系，并会进行与功能相关的建筑结构设计。

  3. 了解结构的材料与建造，并会通过材料和建造进行建筑结构设计。

课程内容

  1. 结构基础

  2. 结构发展史

  3. 结构设计与形态建构

  4. 结构方法与建筑设计

课程作业

  1. 结构设计与形态建构案例分析（两人一组）

  2. 大跨度结构设计（两人一组）

  3. 南大建筑毕业设计校园展廊（两人一组）

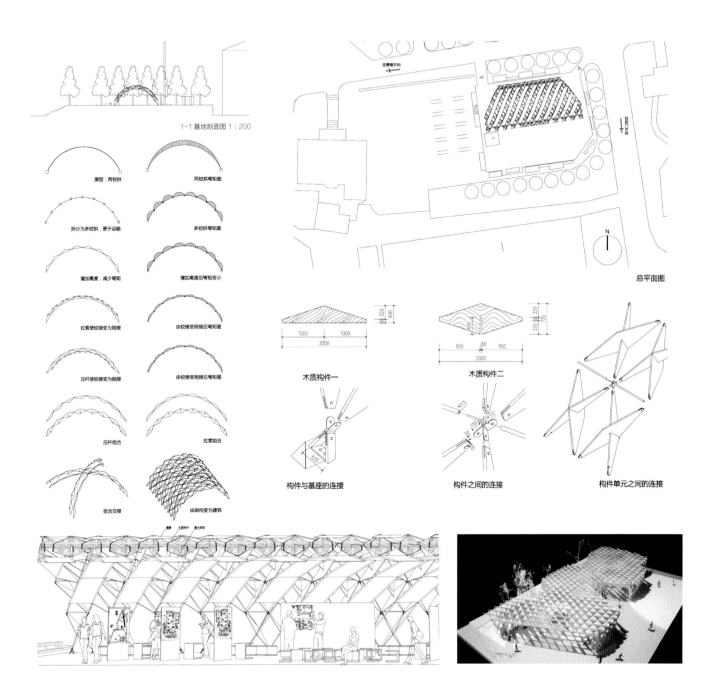

1-1 基地剖面图 1:200

原型：两铰拱

两铰拱弯矩图

拆分为多铰拱，便于运输

多铰拱弯矩图

增加高度，减少弯矩

增加高度后弯矩变小

拉索使铰接变为刚接

由铰接变刚接后弯矩图

压杆使铰接变为刚接

由铰接变刚接后弯矩图

压杆组合

拉索组合

组合交接

由架构变为建筑

总平面图

木质构件一

木质构件二

构件与基座的连接

构件之间的连接

构件单元之间的连接

建构研究 2012
Tectonic Study 2012

指导老师：傅筱

Tutor：Fu Xiao

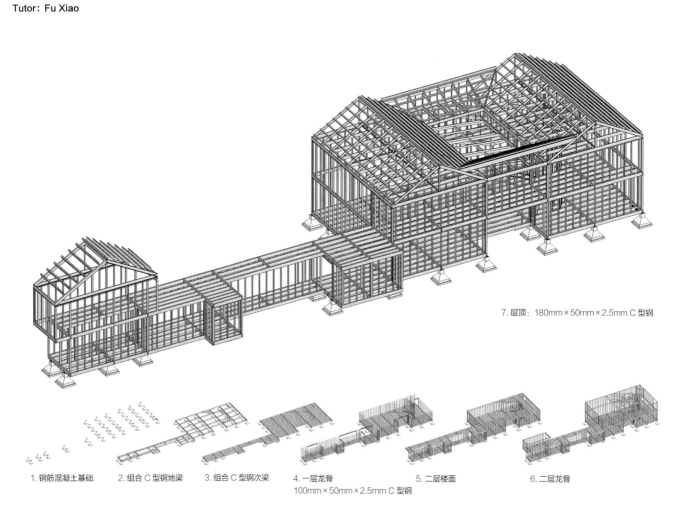

7. 层顶：180mm×50mm×2.5mm C 型钢

1. 钢筋混凝土基础   2. 组合 C 型钢地梁   3. 组合 C 型钢次梁   4. 一层龙骨   5. 二层楼面   6. 二层龙骨
                                                      100mm×50mm×2.5mm C 型钢

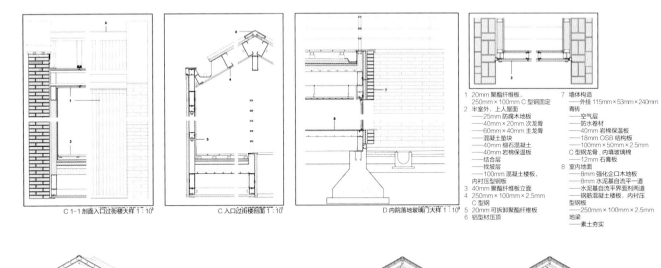

C 1-1 剖面入口过街楼大样 1:10

C 入口过街楼前面 1:10

D 内院落地玻璃门大样 1:10

1 20mm 聚酯纤维板，
  250mm×100mm C 型钢固定
2 半室外、上人屋面
  ——25mm 防腐木地板
  ——40mm×20mm 次龙骨
  ——60mm×40mm 主龙骨
  ——混凝土垫块
  ——40mm 细石混凝土
  ——40mm 岩棉保温板
  ——结合层
  ——找坡层
  ——100mm 混凝土楼板，
  内衬压型钢板
3 40mm 聚酯纤维板立面
4 250mm×100mm×2.5mm
  C 型钢
5 20mm 可拆卸聚酯纤维板
6 铝型材压顶

7 墙体构造
  ——外挂 115mm×53mm×240mm
  青砖
  ——空气层
  ——防水卷材
  ——40mm 岩棉保温板
  ——18mm OSB 结构板
  ——100mm×50mm×2.5mm
  C 型钢龙骨，内填玻璃棉
  ——12mm 石膏板
8 室内地面
  ——8mm 强化企口木地板
  ——8mm 水泥基自流平一道
  ——水泥基自流平界面剂两道
  ——钢筋混凝土楼板，内衬压
  型钢板
  ——250mm×100mm×2.5mm
  地梁
  ——素土夯实

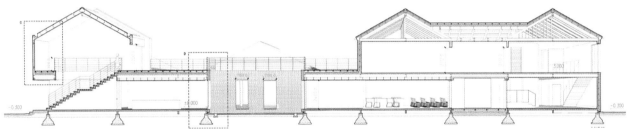

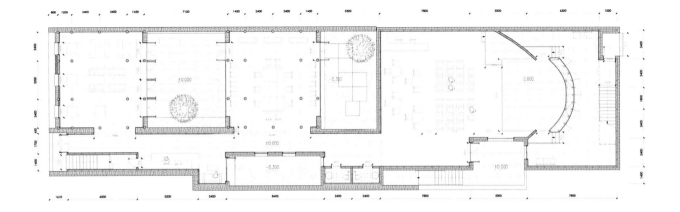

南京大学体育中心设计 2012
Design of Sports Centre of Nanjing University 2012

指导老师：郭屹民
Tutor：Guo Yimin

1. 教学内容

北苑校区现有体育馆设施陈旧，功能单一，已无法满足师生更加丰富多彩的健身锻炼需求及社交活动要求。现拟在原体育馆建筑用地范围内改扩建体育中心。

2. 教学目标

（1）掌握结构设计基础知识，并会进行结构分析和结构设计。

（2）了解结构的材料与建造，并会通过材料和建造进行建筑构造设计。

（3）了解结构设计与功能、场地的关系，并会进行与功能相关的建筑设计。

3. 教学总结

结构设计课对建筑空间的设计是在学生初步掌握结构形态设计方法的"跨度形态设计"之后展开的。与只需要对应力学约束下的形态设计的结构形态不同的是，建筑空间需要面对包括来自周边环境、功能、建造、经济、文化、社会等诸方面的影响。结构力学作为影响建筑空间的要素之一，必须在与其他要素的协同中对既有纯粹力学范畴上的合理性进行必要的调整与改变，才能最终使建筑空间在各要素之间获得平衡，实现建筑空间上的合理性。学生能够在从结构形态到建筑形态的设计过程中理解两者之间的共性与区别。

考虑到建筑空间形态设计的周期相对较短，以及我们希望尽可能地将前一阶段的结构形态、节点设计、建造等内容体现在对空间的表达上，因此，设计任务被限定在南大校园中学生所熟知的原有体育中心的改建上。这样有利于缩短调研和基地踏勘的时间，从而将更多的时间用于分析与研究。学生需要反复通过对结构形态与空间、基地环境、边界条件、使用功能、施工条件做出反馈和调整，来最终确立建筑的内外空间。在这种与建筑要素相对应的反复过程中，学生会意识到结构形态也在逐步向建筑形态迈进。

在教学过程中，我们坚持要求学生以模型的方式来研究整体与局部的关系，这样也有利于随之发现设计过程中结构设计的正确与否。体育中心的大小空间的组合，本身就给结构设置了不小的障碍，但同时也给全新的结构与空间的发生提供了极大的可能。尽管是 2 人一组，但 8 周时间的结构设计课无论在时间上还是在领悟与设计方面，对于学生而言都非常具有挑战性。我们在教学指导中尽量避免趋同而鼓励多样化的思路拓展，激励学生以创新的姿态面对全新的设计过程。

事实上，以建筑师的角色体验结构与空间造型的构成，本身就是一个理性与感性重新磨合的过程。没有复杂的公式，有的是结构对造型的再创造。通过这样的课题，学生能够真正理解建筑造型并非随心所欲、为所欲为的个人化行为，在他们所熟知的场地、功能之外，还有技术层面的约束。这种体会也使得学生有机会通过结构这一视角反思建筑空间的本质，从而触发他们对建筑进行更加深入的思考。

20mm 外饰面
200mm 混凝土
40mm 空气层
80mm 保温层
20mm 内饰面

20mm 防水层
180mm 保温层
隔汽层 配套防水涂料
20mm 水泥砂浆找平
150mm 钢筋混凝土楼板
轻钢龙骨吊顶

1100

1100

900

6000

20mm 外饰面
200mm 混凝土
10mm 空气层
80mm 保温层
20mm 内饰面

5100

水晶地板漆两道打蜡上
10mm 橡胶软木地板
20mm 水泥砂浆找平层
水泥砂浆一道
50mm 水泥焦渣填充层
300mm 钢筋混凝土楼板
轻钢龙骨吊顶

900

900

4800

双层夹胶玻璃固定扇

750 750

2800

1100

17150

4800

4800

±0.000

1200

0.000

960

-0.050

450

1000

1400

-1.450

密封施工缝

水晶地板漆两道
10mm 橡胶软木地板
20mm 水泥砂浆找平层
水泥砂浆一道
150mm 自防水混凝土结构板
16mm 水泥砂浆保护层
柔性防水层
20mm 水泥砂浆找平层
150mm 混凝土垫层

24800

5380   3535   11800   4260   4900

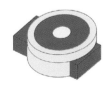

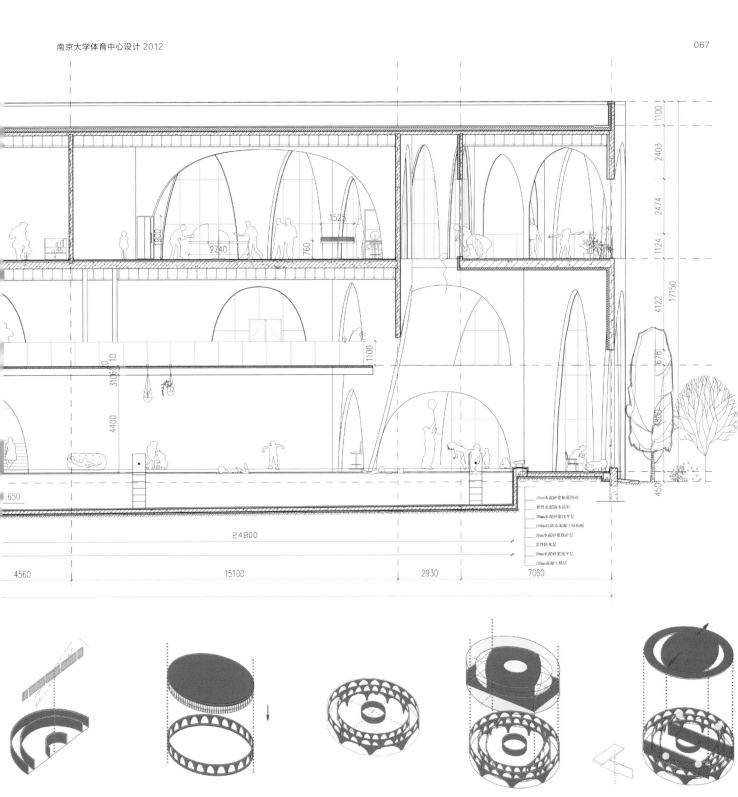

15mm水泥砂浆贴面砖
弹性水泥防水涂料
20mm水泥砂浆找平层
150mm自防水混凝土结构板
10mm水泥砂浆保护层
柔性防水层
20mm水泥砂浆找平层
150mm混凝土垫层

檐沟
轻型龙骨
防潮木板吊顶

钢筋混凝土梁
玻璃幕墙分隔龙骨

玻璃幕墙
150厚预制钢筋混凝土楼板
空气保温层
玻璃幕墙垫木

13.500

9.000

4.500

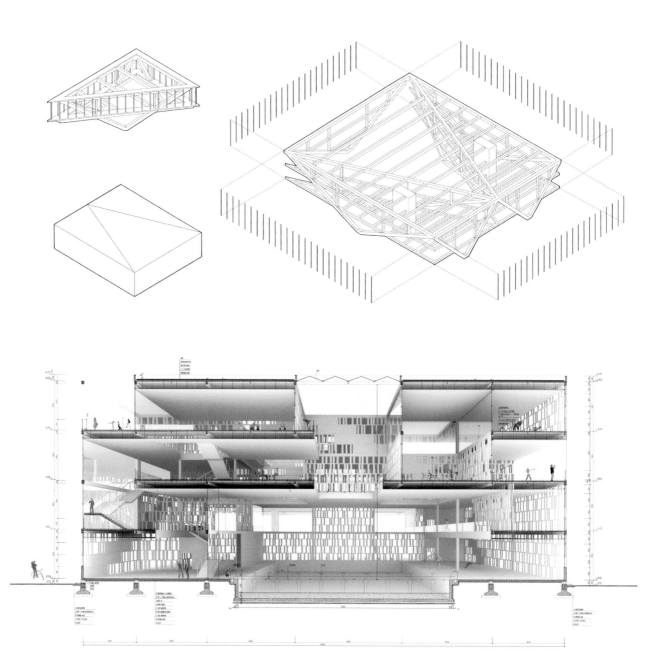

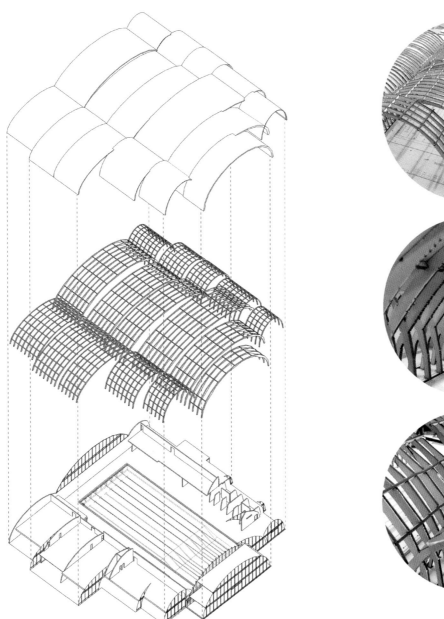

建构研究 2013
Tectonic Study 2013

指导老师：傅筱

Tutor: Fu Xiao

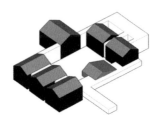

教学目标

　　设计概念与构造设计。

设计内容与计划（2 人 / 组）

　　1. 设计概念与构造设计

　　（1）处理好节点的基本工程技术问题。

　　（2）根据设计概念研究建造材料的选用和节点设计，在满足基本功能性构造技术的前提下，重点研究超越功能性技术问题的构造设计表达。

　　时间：6 周；成果：数字模型、概念分析图、构造详图。

　　2. 设计成果整理与表现

　　（1）1 : 100 平面、立面图纸，表达深度达到施工图深度。

　　（2）剖面要求：先以节点大样的深度绘制 1 : 20 剖面图，然后再绘制表达空间的 1 : 100 单线剖面图。抛弃施工图局部断面的表达方式。

　　（3）必须有带节点的空间透视表达。

　　（4）必须有带节点的三维轴测表达。

　　时间：2 周；成果：PPT 演示和 A1 展板（不少于 2 张）。

通向二层平台的楼梯，通过楼梯材质和做法的
精心处理，加强了上下空间的联系。

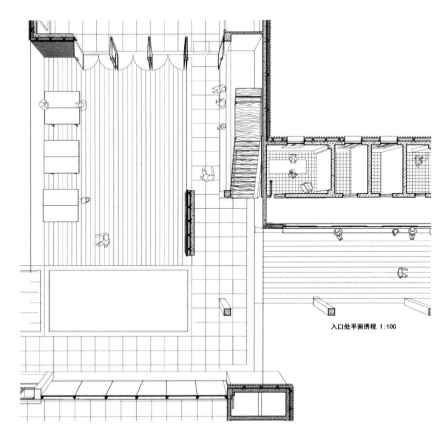

入口处平面透视 1:100

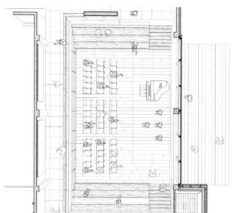

音体室空间：儿童身体接触处均为亲切的木质材料，顶棚暴露
单向梁并结合自然光线，整体处理轻松自然。

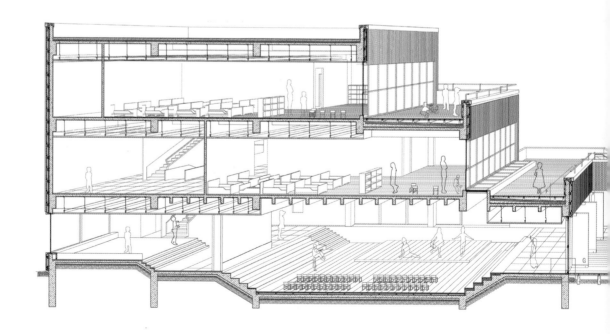

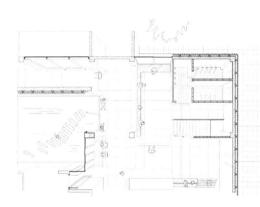

过渡空间

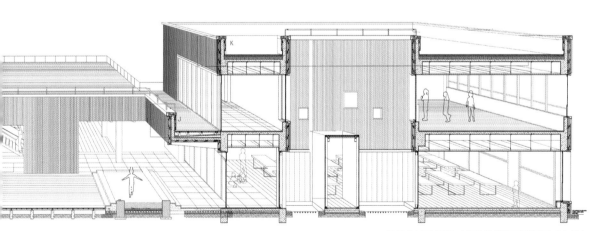

幼儿园空间剖透视：剖透视的训练可以让学生建立起空间、结构、节点、材质之间的关联。

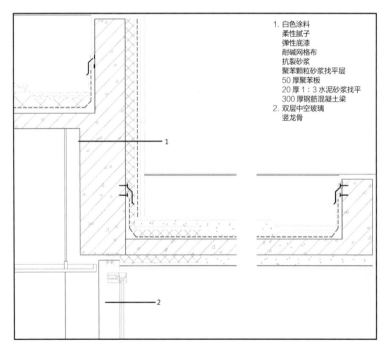

1. 白色涂料
   柔性腻子
   弹性底漆
   耐碱网格布
   抗裂砂浆
   聚苯颗粒砂浆找平层
   50 厚聚苯板
   20 厚 1：3 水泥砂浆找平
   300 厚钢筋混凝土梁
2. 双层中空玻璃
   竖龙骨

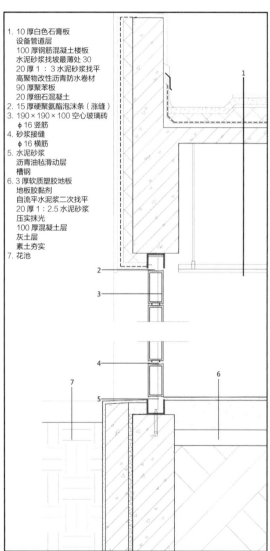

1. 10 厚白色石膏板
   设备管道层
   100 厚钢筋混凝土楼板
   水泥砂浆找坡最薄处 30
   20 厚 1：3 水泥砂浆找平
   高聚物改性沥青防水卷材
   90 厚聚苯板
   20 厚细石混凝土
2. 15 厚硬聚氨酯泡沫条（涨缝）
3. 190×190×100 空心玻璃砖
   φ16 竖筋
4. 砂浆接缝
   φ16 横筋
5. 水泥砂浆
   沥青油毡滑动层
   槽钢
6. 3 厚软质塑胶地板
   地板胶黏剂
   自流平水泥浆二次找平
   20 厚 1：2.5 水泥砂浆
   压实抹光
   100 厚混凝土层
   灰土层
   素土夯实
7. 花池

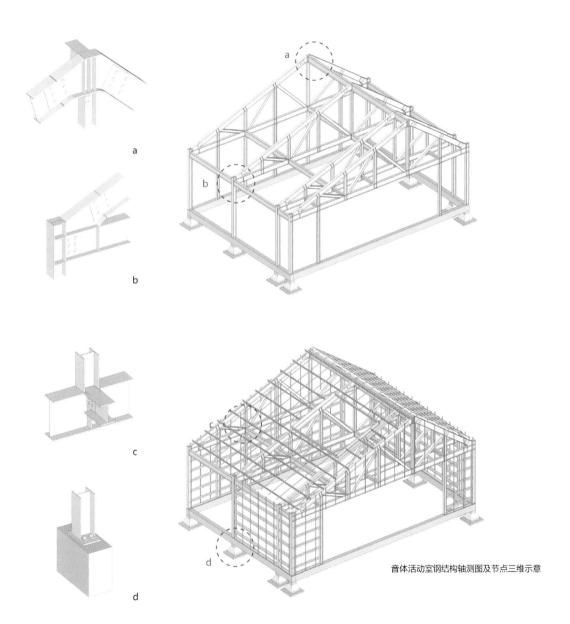

音体活动室钢结构轴测图及节点三维示意

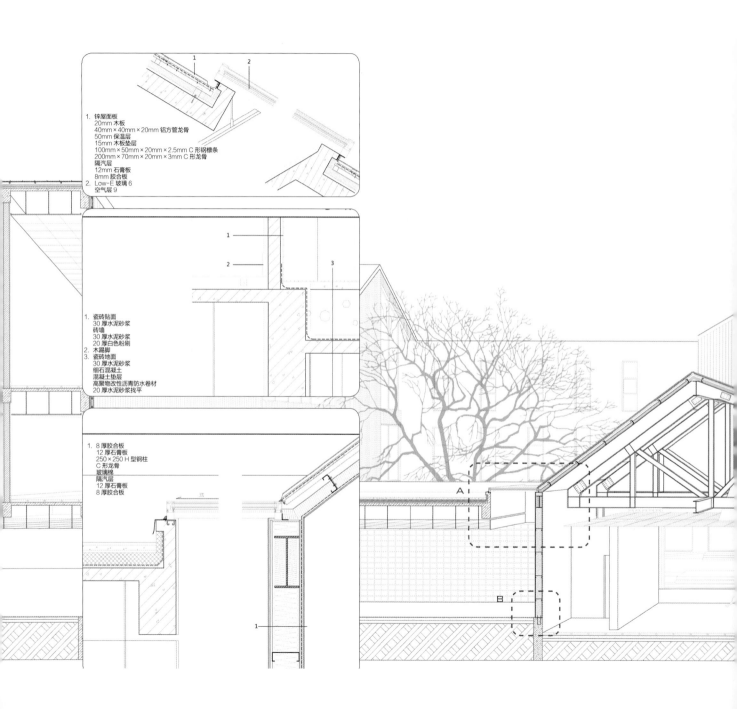

1. 锌屋面板
   20mm 木板
   40mm × 40mm × 20mm 铝方管龙骨
   50mm 保温层
   15mm 木板垫层
   100mm × 50mm × 20mm × 2.5mm C 形钢檩条
   200mm × 70mm × 20mm × 3mm C 形龙骨
   隔汽层
   12mm 石膏板
   8mm 胶合板
2. Low-E 玻璃 6
   空气层 9

1. 瓷砖贴面
   30 厚水泥砂浆
   砖墙
   30 厚水泥砂浆
   20 厚白色粉刷
2. 木踢脚
3. 瓷砖地面
   30 厚水泥砂浆
   细石混凝土
   混凝土垫层
   高聚物改性沥青防水卷材
   20 厚水泥砂浆找平

1. 8 厚胶合板
   12 厚石膏板
   250 × 250 H 型钢柱
   C 形龙骨
   玻璃棉
   隔汽层
   12 厚石膏板
   8 厚胶合板

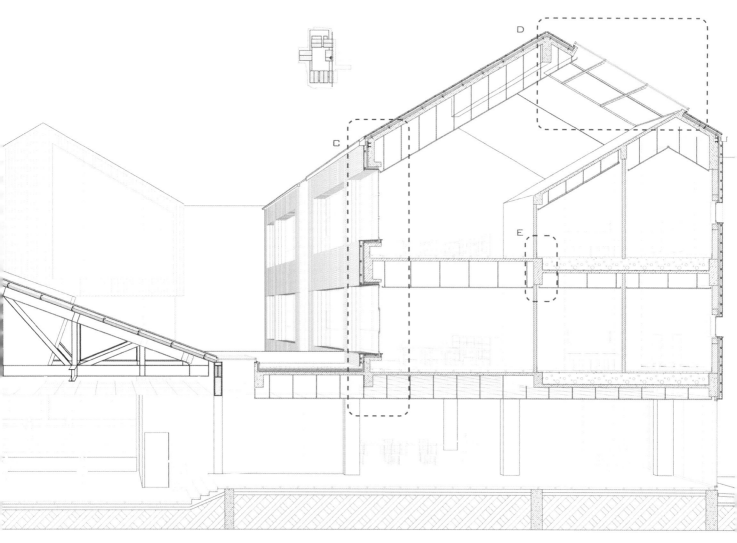

南北纵向空间剖透视

精品书店设计 2014
Boutique Bookstore Design 2014

指导老师：傅筱

Tutor：Fu Xiao

基地位置

　　基地位于浙江省杭州市桐庐峨山畲族村落中，一条溪流穿村而过，北侧为村落的主要街道，村中多数建筑围绕其布置，南侧为梯田式景观。

场地条件

　　场地中东西两侧均为需要保留的夯土建筑，两建筑相距仅 5 m，考虑新建筑基础退让的问题后，场地中可开发的部分为图中灰色所示。

建筑生成

　　顺应场地形势，两建筑间布置通过性空间，南侧空地布置体量，由周围建筑与地形自然形成角度，同时通过性空间通过折曲呼应两侧老建筑。

流线分析

　　建筑由游廊与一个休闲空间组成，游廊引导人们进入两座老建筑，同时人们通过曲折的游廊后，可到达南侧的休闲空间，继续行进，可以欣赏到南侧的梯田式景观。

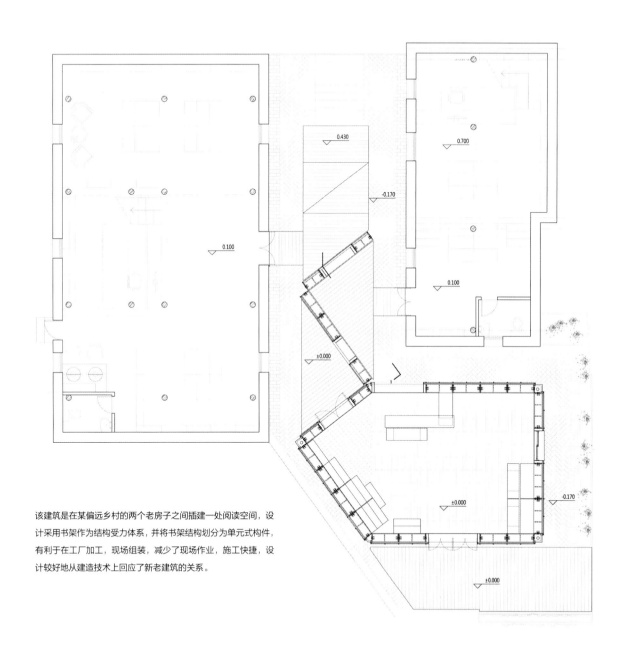

该建筑是在某偏远乡村的两个老房子之间插建一处阅读空间，设计采用书架作为结构受力体系，并将书架结构划分为单元式构件，有利于在工厂加工，现场组装，减少了现场作业，施工快捷，设计较好地从建造技术上回应了新老建筑的关系。

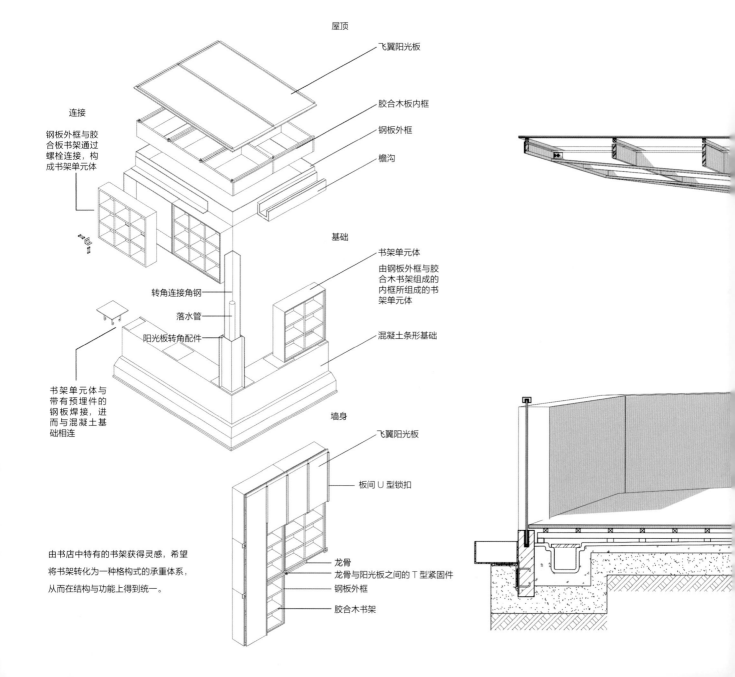

屋顶

飞翼阳光板

胶合木板内框

钢板外框

檐沟

连接

钢板外框与胶合板书架通过螺栓连接，构成书架单元体

基础

书架单元体

由钢板外框与胶合木书架组成的内框所组成的书架单元体

转角连接角钢

落水管

阳光板转角配件

混凝土条形基础

书架单元体与带有预埋件的钢板焊接，进而与混凝土基础相连

墙身

飞翼阳光板

板间 U 型锁扣

龙骨

龙骨与阳光板之间的 T 型紧固件

钢板外框

胶合木书架

由书店中特有的书架获得灵感，希望将书架转化为一种格构式的承重体系，从而在结构与功能上得到统一。

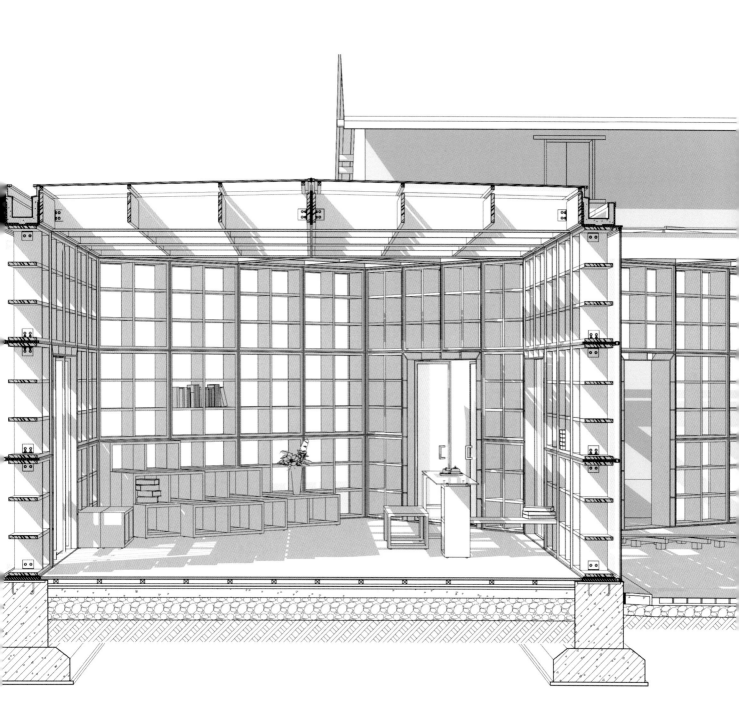

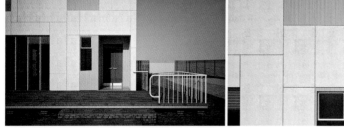

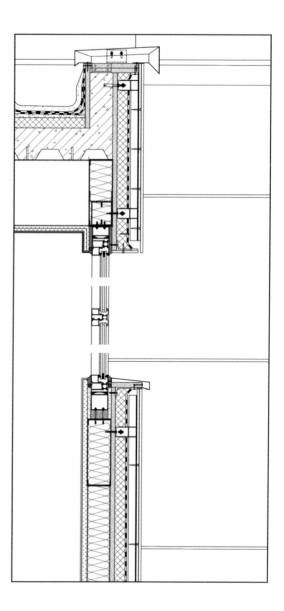

该设计研究了干挂水泥基板材在建筑表皮的应用，设计较为深入细致地研究了材料划分与立面洞口的对位关系，从而建立起材料与建筑尺度的协调关系。

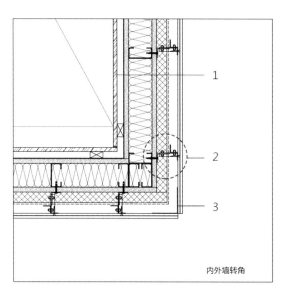

1
2
3

内外墙转角

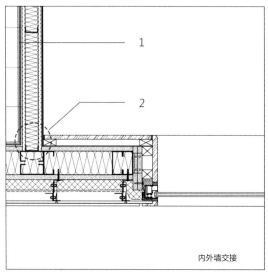

1
2

内外墙交接

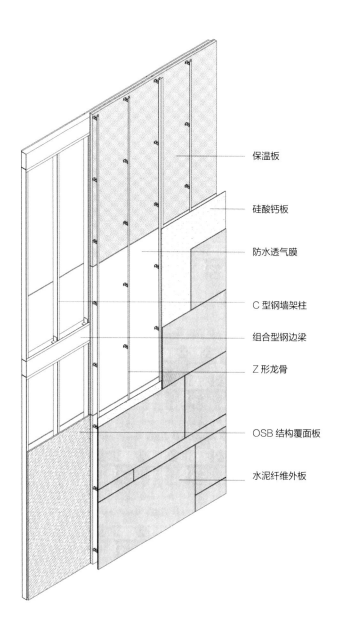

保温板

硅酸钙板

防水透气膜

C 型钢墙架柱

组合型钢边梁

Z 形龙骨

OSB 结构覆面板

水泥纤维外板

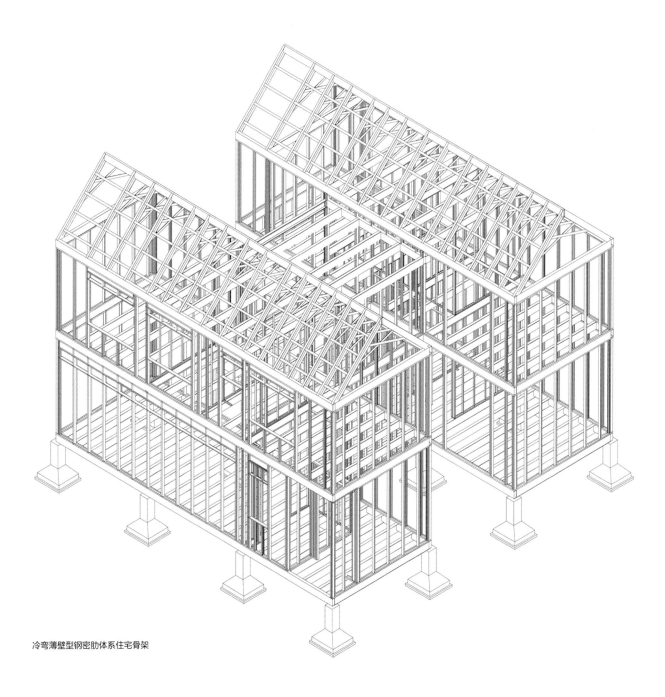

冷弯薄壁型钢密肋体系住宅骨架

第一步：钢筋混凝土独立基础

第四步：一层架柱 C90×40×20×2.5, 带底梁、顶梁

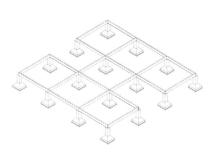

第二步：2C 型钢组合地梁

第五步：楼盖梁、边梁

C250×90×20×2.5+U255×90×2.5

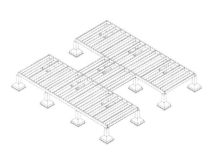

第三步：C 型钢次梁

第六步：二层结构

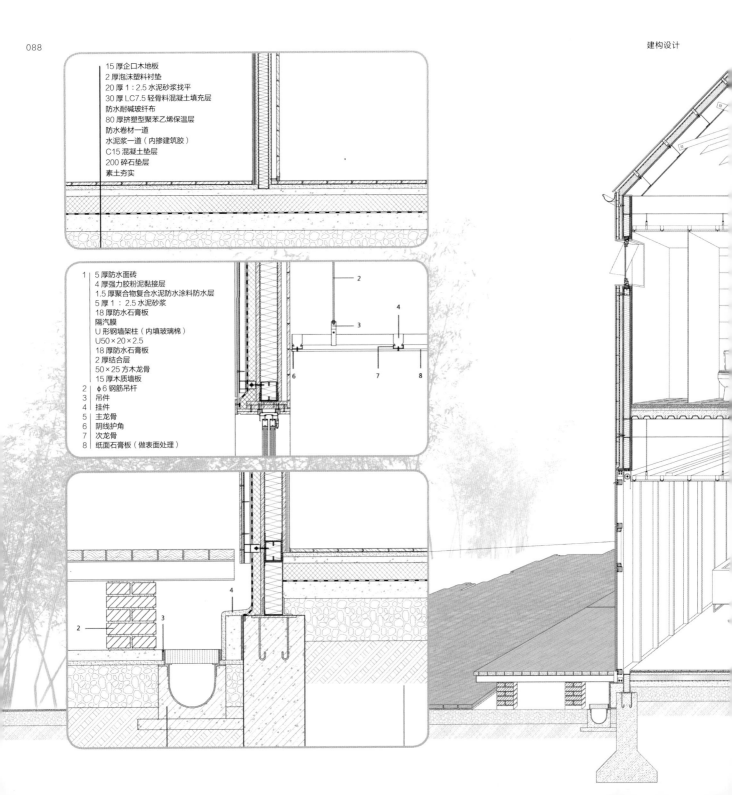

15 厚企口木地板
2 厚泡沫塑料衬垫
20 厚 1：2.5 水泥砂浆找平
30 厚 LC7.5 轻骨料混凝土填充层
防水耐碱玻纤布
80 厚挤塑型聚苯乙烯保温层
防水卷材一道
水泥浆一道（内掺建筑胶）
C15 混凝土垫层
200 碎石垫层
素土夯实

1　5 厚防水面砖
　　4 厚强力胶粉泥黏接层
　　1.5 厚聚合物复合水泥防水涂料防水层
　　5 厚 1：2.5 水泥砂浆
　　18 厚防水石膏板
　　隔汽膜
　　U 形钢墙架柱（内填玻璃棉）
　　U50×20×2.5
　　18 厚防水石膏板
　　2 厚结合层
　　50×25 方木龙骨
　　15 厚木质墙板
2　φ6 钢筋吊杆
3　吊件
4　挂件
5　主龙骨
6　阴线护角
7　次龙骨
8　纸面石膏板（做表面处理）

"低技建造"设计研究 2016
Design Research on "Low-Tech Construction" 2016

指导老师：傅筱 / 孟宪川
Tutors: Fu Xiao / Meng Xianchuan

2015 年，在周凌、赵辰两位老师的努力下，课程组得到了相关资金和场地的支持，"低技建造"课程选择在浙江莫干山南路乡"60 亩农田服务设施规划"场地内，以竹结构为主，实地建造"山野乐园"景观小品，供游客和儿童使用。2016 年，在鲁安东老师和南京大学建筑设计研究院程向阳总建筑师的引荐下，课程组得到溧水区住房和城乡建设局及溧水城建集团的支持，在江苏溧水无想山某场地内建造以竹结构休息亭为主的景观小品，供游客使用，并在无想山山顶设计一个木构瞭望台，供游客休息眺望。另一组"低技建造"建造课题组由陈浩如老师带领，在浙江临安太阳公社建造竹构游客餐厅。两个课题组已经完成相应的技术图纸，但由于高温天气等原因，均未进入实际建造阶段。通过两年的教学和实践，我们将"低技建造"设计课程的些许体会在此小记，供读者参考。

所谓"低技建造"设计课程，其目的是让学生通过亲身建造，真切体会到真实材料和真实尺度的意义，并建立起建造是衡量设计的核心标准的认知。之所以强调"低技术"，并非出于学术意义的考量，而是便于让学生能够亲身参与建造，通过身体与材料的直接接触，培养其对材质、尺度、重量等性能的切身体会。因此，"低技建造"的教学条件需符合以下几点。

（1）建造规模不宜太大，一般以简易休息亭的规模为宜，建造时尽量不借助机械设备就能够完成。

（2）建筑功能必须简单且明确，因为本课程训练的目标是建造技术而非功能布局，明确功能定位有利于学生将精力集中在建造与材料、结构、构造的关系上。

（3）材料必须易于学生手工操作，从材料自重选择到节点加工都尽量在学生的体能范围之内。

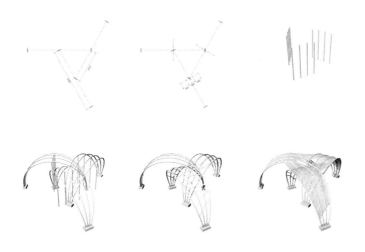

施工步骤：
1. 放线定位，浇筑基础
2. 定位临时支架，固定主体结构角度
3. 搭建临时支架
4. 搭建主体结构，固定角度
5. 搭建次级结构，撤掉临时支架
6. 编织覆盖面

（4）建造的周期不宜过长，一般控制在半个月以内为宜。如果建造时间太长，学生易身心疲惫，因为学生毕竟不是专业的技术工人，并不具备进行长时间操作的职业技能。

能够符合上述条件的建造体系并不多，木构、竹构是较为理想的建造体系，砌砖虽然看似易于操作，但是如果让学生砌筑形成一个有覆盖的符合人体尺度的结构体系，其难度不言而喻，而且如果仅仅砌筑一些片断墙体，对学生认知结构体系、构造做法的训练是不够的。木构的结构逻辑容易控制，有科学合理的技术规程，构造方式比较成熟，节点种类比较丰富，从整体结构体系到节点的力学连接都容易让学生理解，从而让学生建立材料与受力、力流传递与节点受力的关联思考。木构略显不足的是结构构件的加工需当地工厂配合，学生参与的程度会有所降低。如果建造地点在本地，充分利用高校木工实验室，让学生自己加工构件，将是比较理想的选择。此外，木构造价偏高也是需考虑的因素之一。

与木构相比，竹构的优势是就地取材，造价低廉，对建造精度要求不高，易于现场手工操作，这也是近几年流行竹构建造教学的原因之一。然而，竹构的优势恰恰也是它的劣势。首先，每根原竹都有所不同，力学性能难以准确描述，所以原竹结构体系是以经验为技术支撑的，无法形成技术规程。其次，同一根竹子分大小头，而且竹子是一种很不稳定的材料，容易变形开裂，所以原竹建筑的构造节点是难以去"设计"的，这也是老百姓都用绳子绑扎竹子的原因所在。绳子非常容易适应竹子材料的不规则形，并且廉价、易于操作以及修补更换，百姓的智慧不容小觑。

鉴于竹构的上述两个特点，课程组制订了两个教学要点：第一，放弃对竹构节点的追求，尽量避免为节点而节

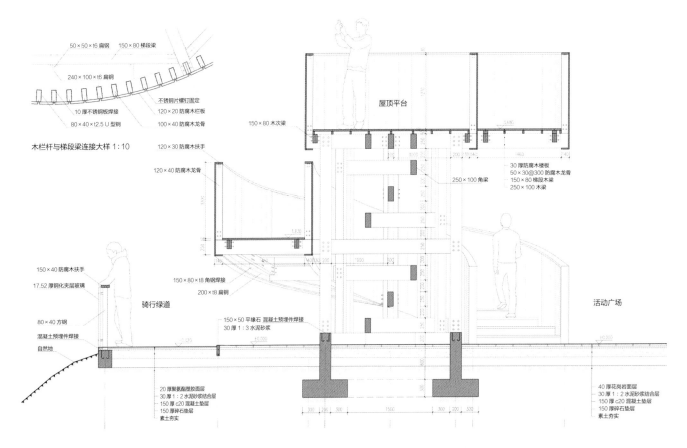

木栏杆与梯段梁连接大样 1：10

点的设计情结，尊重材料最合适的做法以及最适合学生搭建的做法。为此，我们建议学生以绑扎和长螺杆两种连接方式为主，辅助以传统的竹销连接，并注重竹构体系与大地的连接关系。第二，为了便于学生理解结构体系与力流传递的关系，课题组引入了 Karamba 结构分析软件，该软件可以在设计过程中实时模拟出结构体系的受力分布，也可以模拟竹子的性能，虽然不是十分精确，但是对于学生理解受力问题确实给予了较大的帮助。

研究生来自全国各个高校，学生的基础并不完全相同，

在教学过程中，教师不能为了教学成果而急于推销自己的设计认知，而应通过启发式教育，放手让学生去思考，当某个学生的设计率先达到教学预期，立刻抓住其要点进行点评和讨论，这样才能让学生深刻理解相关知识。"低技建造"课程主要解决了两个问题，从设计思维角度改变了学生用大脑中已有的造型去思考问题的习惯，使其逐渐学会从场地、结构、构造以及建造综合推导设计的方法；从实地建造的角度让学生体会到材料和尺度不是抽象的专业术语，而是对自然规律和体验最真实的描述。

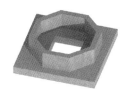

1. 浇筑钢筋混凝土基础

2. 架设一品梁架

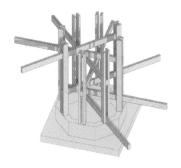

3. 旋转生成四品梁架

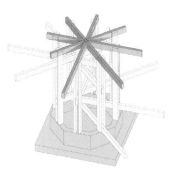

4. 连接顶部木梁

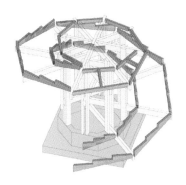

5. 在主梁间连接段梁

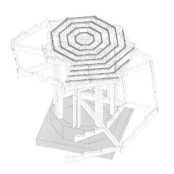

6. 在木梁顶部铺设木龙骨

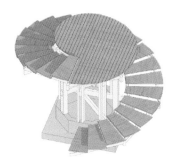

7. 在梯段梁上铺设木楼板

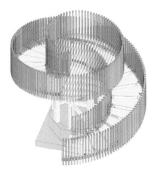

8. 在楼梯两侧连接木龙骨

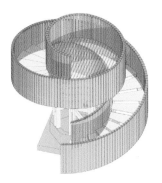

9. 在木龙骨外侧安装木栏板

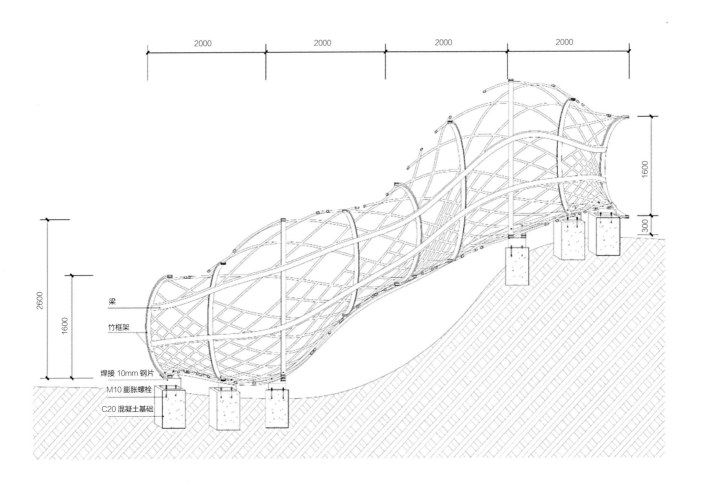

2000 2000 2000 2000

1600

300

2600

1600

梁

竹框架

焊接 10mm 钢片

M10 膨胀螺栓

C20 混凝土基础

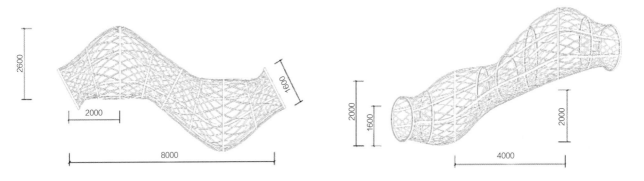

2600

2000

8000

2000

1600

2000

4000

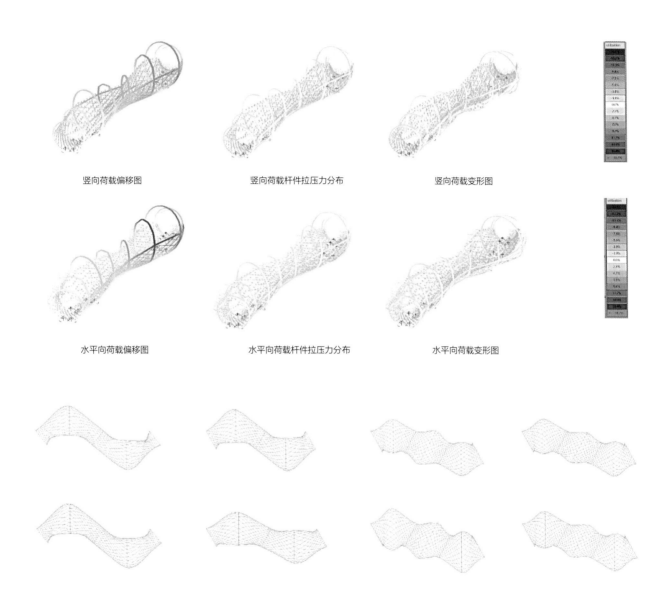

竖向荷载偏移图　　　　　　　竖向荷载杆件拉压力分布　　　　　　竖向荷载变形图

水平向荷载偏移图　　　　　水平向荷载杆件拉压力分布　　　　　水平向荷载变形图

设计引入 Karamba 结构分析软件，在设计过程中实时模拟出结构体系的受力分布，也可以模拟竹子的性能。

木构的结构逻辑容易控制，有科学合理的技术规程，构造方式比较成熟，节点种类比较丰富，从整体结构体系到节点的力学连接都容易让学生理解，从而让学生建立材料与受力、力流传递与节点受力的关联思考。

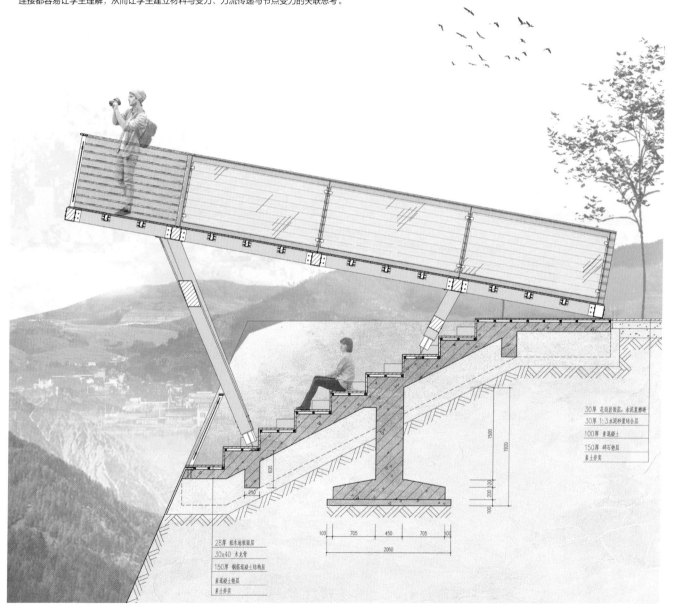

30厚 花岗岩面层，水泥浆擦缝
30厚 1:3水泥砂浆结合层
100厚 素混凝土
150厚 碎石垫层
素土夯实

28厚 松木地板面层
30x40 木龙骨
150厚 钢筋混凝土结构层
素混凝土垫层
素土夯实

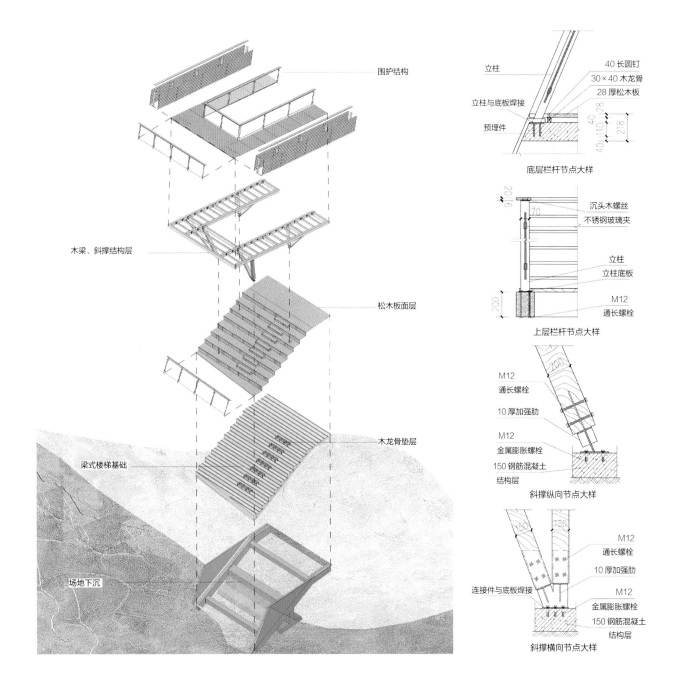

围护结构

立柱

立柱与底板焊接

预埋件

40 长圆钉

30×40 木龙骨

28 厚松木板

底层栏杆节点大样

沉头木螺丝

不锈钢玻璃夹

立柱

立柱底板

M12

通长螺栓

上层栏杆节点大样

木梁、斜撑结构层

M12

通长螺栓

10 厚加强肋

M12

金属膨胀螺栓

150 钢筋混凝土

结构层

斜撑纵向节点大样

松木板面层

木龙骨垫层

M12

通长螺栓

10 厚加强肋

连接件与底板焊接

M12

金属膨胀螺栓

150 钢筋混凝土

结构层

斜撑横向节点大样

梁式楼梯基础

场地下沉

M12 通长螺栓

10mm 厚镀锌钢板

M12 金属膨胀螺栓

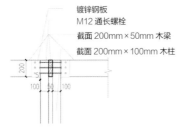

镀锌钢板

M12 通长螺栓

截面 200mm×50mm 木梁

截面 200mm×100mm 木柱

M12 通长螺栓

M12 金属膨胀螺栓

钢筋混凝土基础

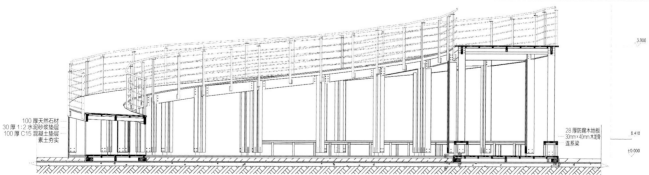

100 厚天然石材
30 厚 1：2 水泥砂浆垫层
100 厚 C15 混凝土垫层
素土夯实

28 厚防腐木地板
30mm×40mm 木龙骨
连系梁

3.900

0.410

±0.000

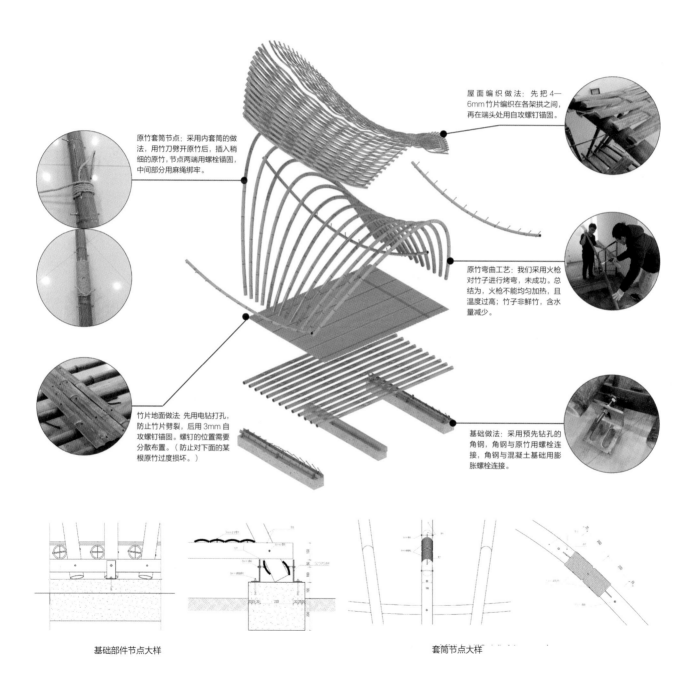

原竹套筒节点：采用内套筒的做法，用竹刀劈开原竹后，插入稍细的原竹，节点两端用螺栓锚固，中间部分用麻绳绑牢。

屋面编织做法：先把4—6mm竹片编织在各架拱之间，再在端头处用自攻螺钉锚固。

原竹弯曲工艺：我们采用火枪对竹子进行烤弯，未成功。总结为，火枪不能均匀加热，且温度过高；竹子非鲜竹，含水量减少。

竹片地面做法：先用电钻打孔，防止竹片劈裂，后用3mm自攻螺钉锚固。螺钉的位置需要分散布置。（防止对下面的某根原竹过度损坏。）

基础做法：采用预先钻孔的角钢，角钢与原竹用螺栓连接，角钢与混凝土基础用膨胀螺栓连接。

基础部件节点大样

套筒节点大样

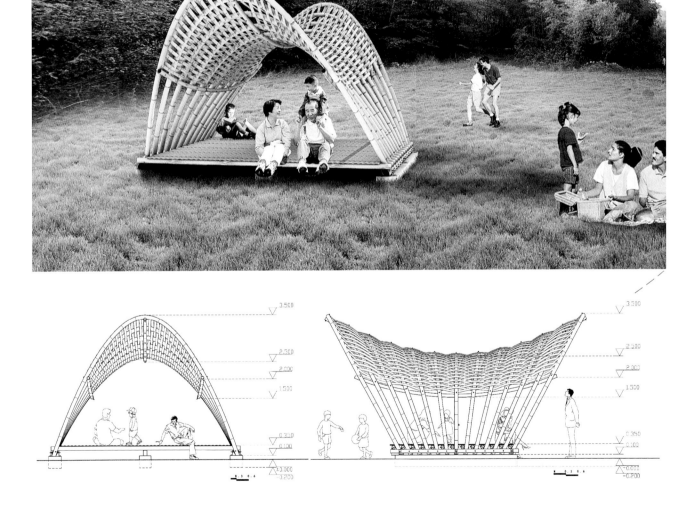

3. 中国木建构文化研究

中国木建构文化研究 2001—2020

Studies in Chinese Wooden Tectonic Culture 2001-2020

指导老师：赵辰

Tutor：Zhao Chen

课程介绍

　　以木为材料的建构文化是世界各文明中的基本成分，中国的木建构文化更是深厚而丰富。在全球可持续发展要求之下，木建构文化必须得到重新的认识和评价。对于中国建筑文化来说，这更具有文化传统再认识和再发展的意义。

　　文化的个性和差异性并不仅仅存在于建筑的形态之中，更体现在建构的过程之中。木建构文化研究从木材的基本材料特性出发，研究木材的连接形成木建构的形态，探索以此构成各种功能目的的营造物。木构桥梁正是以跨度为目的的木建构产物，也是沟通空间、延续时间的载体。

阶段一　理论基础：对全球木建构文化的重新认识（讲座）

阶段二　中国木建构文化的原则和方法（讲座与工作室）

阶段三　中国木构的基本形：从家具到建筑（讲座与工作室）

阶段四　中国传统木拱桥的个案研究（讲座与工作室）

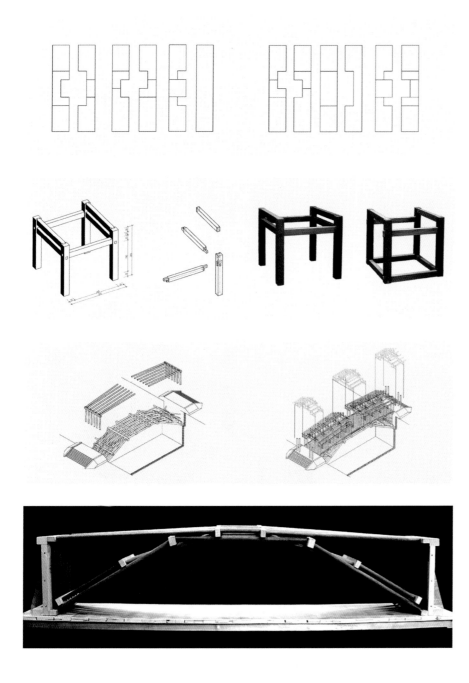

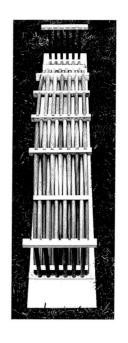

中国木建构文化研究：材料的连接方式研究

Studies in Chinese Wooden Tectonic Culture : Research on the Connection Mode of Materials

指导老师：赵辰
Tutor：Zhao Chen

钢构件的连接

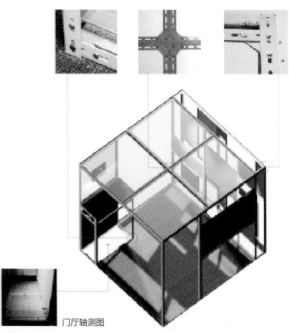

门厅轴测图

教学内容

构造在设计中有着特殊的意义。各种材料按照一定的方式组合起来构成了建筑物。构造体现了材料的组织方式，也蕴含了材料的逻辑表现。它是材料解释自我的方式，也是材料构筑建筑的根本方式，它包含了丰富的意义和内涵。

材料

钢构件、木质板材

实验地点

研究生设计教室

研究内容与成果

钢构件与钢构件的连接方式，钢构件与木质板材的连接方式，实验建造

实验成果的功能要求

空间划分、展示、储藏

木构件的连接

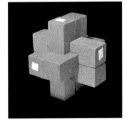

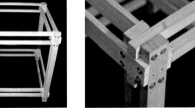

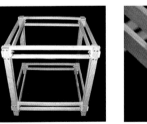

材料　　　　　　　构造　　　　　　　单元体　　　　　　　　　　　　　　　　　应用实例

中国木建构文化研究：跨度研究

Studies in Chinese Wooden Tectonic Culture : Span Research

指导老师：赵辰

Tutor：Zhao Chen

教学内容

　　以欧洲（瑞士）木拱桥为原型，运用先期作业中的构造及结构单元进行组合设计，充分利用材料的特性及其连接方式完成木构的跨度，以实物模型（计算机模型）为研究媒介，模拟实现木构跨度的建构技术手段，同时通过对瑞士木拱桥与中国浙南、闽北地区木拱桥建构技术的比较研究，探讨由材料、结构和构造方式所形成的建造的逻辑关系，研究形式产生的物质技术基础。

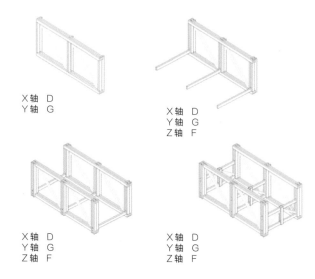

X轴　D
Y轴　G

X轴　D
Y轴　G
Z轴　F

X轴　D
Y轴　G
Z轴　F

X轴　D
Y轴　G
Z轴　F

研究内容与成果

　　木构跨度研究，构造方式研究，实验模型

材料与连接方式

　　木质杆材，螺栓连接

材料规格

　　10mm×10mm×300mm

　　10mm×20mm×300mm

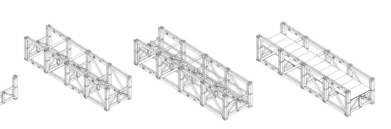

瑞士木拱桥

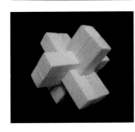

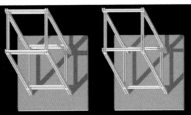

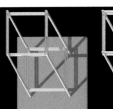

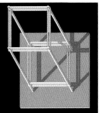

中国木建构文化研究：中国木桥研究
Studies in Chinese Wooden Tectonic Culture : Research on Chinese Wooden Bridge

指导老师：赵辰
Tutor：Zhao Chen

教学内容

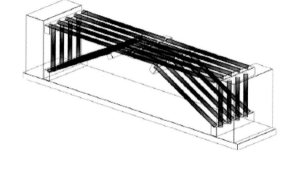

以中国浙南、闽北地区的木拱桥为原型，充分利用材料的特性及其榫卯连接方式完成木构的跨度，以实物模型（计算机模型）为研究媒介，模拟实现木构跨度的建构技术手段，探讨由材料、结构和构造方式所形成的建造的逻辑关系，研究形式产生的物质技术基础。

研究内容与成果

木构跨度研究，构造方式研究，实验模型

材料与连接方式

木材，榫卯连接

时间

3 周

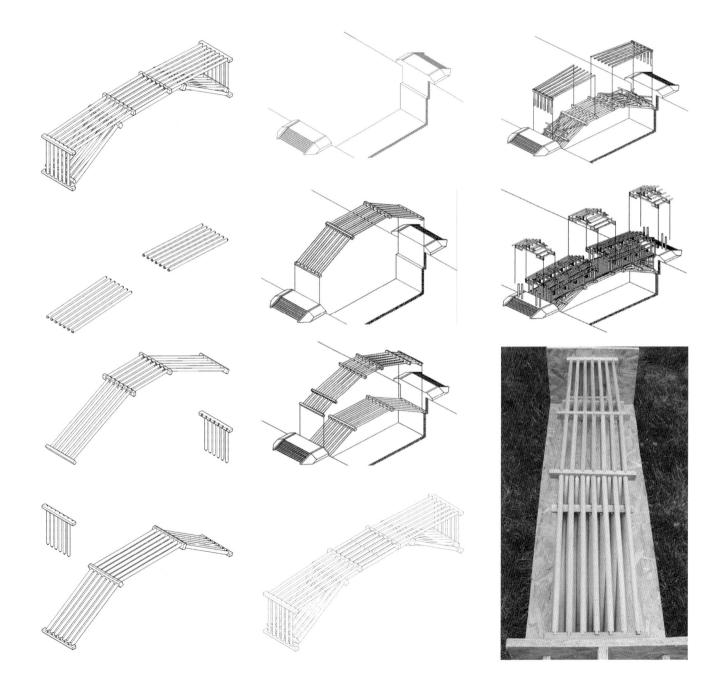

中国木建构文化研究：构造与结构单元组合的研究

Studies in Chinese Wooden Tectonic Culture : Research on Construction and Combination of Units

指导老师：赵辰

Tutor：Zhao Chen

课程介绍

在理解木建构的基础上，2008 年、2009 年的"木建构文化研究"重点研究了中国木构传统中的侧角问题，通过不同角度的倾斜实验，探究了其对四柱框架重要的结构稳定作用。

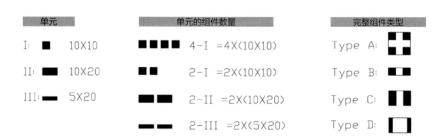

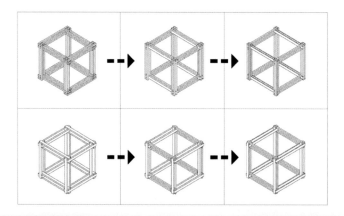

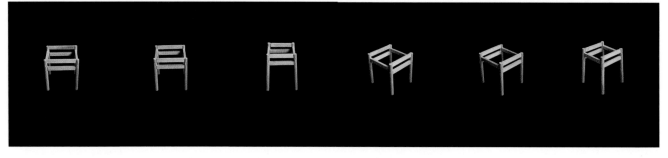

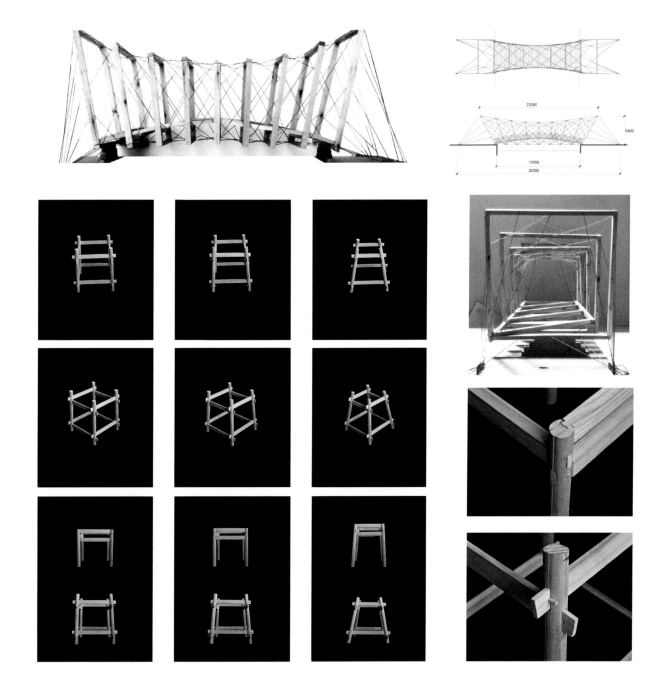

中国木建构文化研究工作营 2010

Studies in Chinese Wooden Tectonic Culture Workshop 2010

指导老师：赵辰

Tutor：Zhao Chen

工作营：可生长的木棚设计与建造

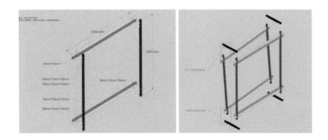

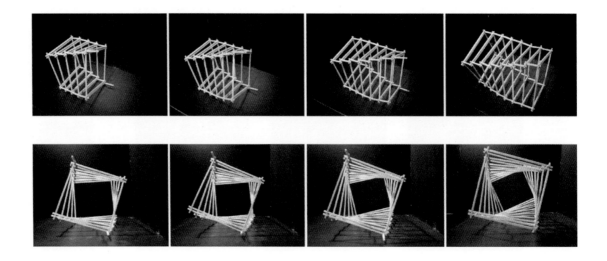

 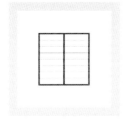   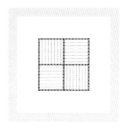

第一组：三角形　　　　　第二组：镶板　　　　　第三组：通道　　　　　第四组：保温　　　　　第五组：四方

一阶段：单元确定　　　中期考核　　　二阶段：多单元进化　　　最终考核

二、建造教学实验

建构设计 Tectonic Design

"四个木框架" 建造实验 2005

"Four Timber Frames" Construction Experiment 2005

指导老师：冯金龙 / 赵辰
Tutors：Feng Jinlong / Zhao Chen

1. 木构建造

　　关于建造问题的研究和实践是任何一个成熟和完整的建筑教学体系都不可缺少的环节，许多国际上重要的建筑与设计学院均十分重视建造问题的研究和实践，将足尺模型、砖工、木工、混凝土工程等建造工艺作为研究对象和媒介引入建筑设计教学，从建造活动和制造工艺本身出发来研究建筑问题。木材是最主要的建筑材料之一，其独特的结构、构造形式和建造方式是研究建筑基本问题的重要组成部分。对木构建筑的研究在建筑设计教学中理应成为重要的教学主题。木材具有便于获取和易于加工、回收的特性，亦是建筑设计教学理想的建造实验材料，适于以此作为操作对象和研究媒介进行木构建筑的模拟建造和真实建造。

　　对建筑的认识不仅仅是自上而下的，还来自先验的理论和书本，也可以通过建造实践，从基本的材料和建造逻辑中，从自身的实践认知中总结关于设计和建筑的思维方式和相应的建筑形式语言。南京大学建筑研究所近年来的研究生教育强调对学生创新精神与务实能力的培养，关注建筑的基本问题，采用理论与实践相结合的教学模式进行建构教学实验，将建造实践作为设计教学的重要组成内容。木构建筑研究是系列化的建构教学实验的一项专题研究。一方面，通过理论课程、文献阅读建立起学生关于木构建筑的知识背景平台，使学生了解当今木构建筑的材料加工技术，以及建筑构造和结构技术发展的最新成果，掌握正确的木构建筑认识和评价方法；另一方面，对材料的实际操作是认知和理解木构建筑建造问题最直接有效的方法，通过实际建造，在多个层面上对木构建筑的材料、构造和结构等进行研究，从材料和建造的逻辑中获得关于解决实际问题的工作方式和思维模式，积累设计的形式语言。学生直接面对材料，体会在图纸上不可能遇到的各种操作问题，此时已不是从图面设计的角度思考建造问题，不是一种美术的图面表现，而是一个解决实际问题的过程。建造实践与模型研究又有所不同，尽管都是对实际材料的操作，但建造是人与建筑多层面互动的过程，其尺度的真实让人对材料、时空有着全面的感受，建造的过程包含了更为丰富和完整的个人体验。实际建造与建筑的使用功能、场地环境和施工技术等密切相关，实施建造的过程非常复杂，在设计教学中无法而且也没必要完全真实地还原实际建造的方方面面，而应是针对研究的主题选取并抽象出重要的要素来进行专题研究以及专门化训练，局部模拟实际建造。建造，可从局部到整体，从单一到综合，从单元到系统多层面展开。

2. 材料与构造方式的限定

（1）空间尺度的限定与空间使用功能的开放

建造的空间尺度限定为 2.4m×2.4m×2.4m。这个2.4m 空间的使用方式由学生自定，显然不同的空间使用功能会有不同空间的分隔、围护以及开启方式。

（2）结构材料的限定与非结构围护体材料的开放

规定结构用材为木材，可用梁柱的材料断面尺寸为：28mm×95mm、

45mm×95mm、70mm×70mm 截面方木。非结构围护体材料可根据空间的使用功能和围护的方式选择任何可操作的材料，如木板、木条、纸板、PVC 板、角钢等。

（3）结构形式的限定与构造方式的开放

规定木构框架，螺栓连接。由于规定的结构用材断面尺寸偏小，建造时必须采用分解组合的方式形成组合柱或组合梁以满足结构受力的要求，组合柱和组合梁的连接形式有多种可能性，使梁柱连接构造单元呈现多样性，学生根据设计的需要进行选择。

（4）造价的限定与建造过程的开放

对除结构用材以外所有工程造价进行控制，从建材市场的调研开始，各类材料的价格、建造过程中的材料使用量甚至材料运输的费用均须在掌控之中，通过相应的取舍来平衡建筑造价。由于实际建造过程中诸多复杂因素相互交织，需要不断摸索积累经验，在各个不同的建造阶段，根据不

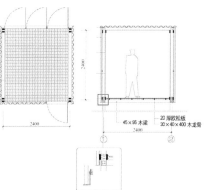

同情况灵活调整原来的设计方案，使其从理想状态的图纸走向现实的可操作性的实物。

阶段 1　案例调研与分析

材料、构造、结构和形式的关系是建构理论深入探讨的问题，通过对实际案例的调查分析研究，这种关系被感知，在实际案例调研中获得关于材料的感性认识是建造与设计思维的基础。

针对典型案例深入分析，掌握其建构过程及建造技术特点、材料使用原则、节点构造方式，以实物模型（计算机模型）为研究媒介，模拟建构技术手段，探讨由材料、结构和构造方式所形成的建造的逻辑关系，研究形式产生的物质技术基础。

围合与开启的相关要素：

a. 空间限定——封闭 / 开放，体积 / 构件

b. 功能分解——围护 / 通风，采光 / 遮阳

构造功能的分解与合成

调研对象：

1. 案例实地调研

2. 建筑技术类期刊书籍中的经典案例

调研内容：

1. 单一材料、单一构造方式实现的功能研究

2. 不同构造方式合成研究

3. 材料、构造与建筑形式的关系

调研成果：

1. 资料归纳整理

2. 节点构造分析图

阶段 2　2.4m³ 的建筑设计

特定的空间使用功能会产生特定的空间形态，各类不同的空间形态最终由限定空间的物质材料及其相互关系来体现。2.4m³ 的建筑设计强调的是空间形态的真实性——一个从设计概念转换到建造的真实过程。

使用功能：售卖、休息、展示等

建设基地：城市广场、街头公共绿地、公园等

结构形式：框架结构

建筑材料：

a. 结构用……或钢

b. 其他用……自定

研究内容：

1. 空间使用的可能性

2. 人体尺度 / 模数与网格

3. 空间的围合与开启

4. 围合与开启的材料选择，构造方式研究

设计成果：

1. 设计概念的分析与表达

2. 数字化模型

3. 平、立剖面

阶段 3　2.4m³ 的遮阳设计

建筑遮阳是建筑外墙重要的功能组成部分，可以用不同的材料及不同的构造方式来实现。建筑遮阳及其构造方式

对建筑内外部空间和建筑形式会产生很大的影响，通过对实际材料的操作，从模拟到真实建造过程的体验对于学生理解材料、构造与建筑形式之间的关系有重要意义。

研究内容：

1. 日照计算原理的应用

2. 材料选择、构造方式研究

3. 构造与建筑形式的表达

设计成果：

1. 日照分析与表达

2. 实物模型（比例自定）

3. 遮阳设计的构造详图

阶段 4　材料与构造方式的转换研究

在对前阶段的设计中关于建筑材料、构造方式及结构特点进行分析研究的基础上，进一步进行材料与构造方式的转换研究，理解不同条件下材料及构造方式的使用原则，体会材料与构造方式对建筑形式的影响。

结构用材料：

28mm×95mm、45mm×95mm、70mm×70mm截面方木，框架结构，螺栓连接方式

维护性材料：

木质板材，其他材质板材，角钢等，各类铰链

研究内容与成果：

1. 同类材料不同构造方式可能性的研究

2. 同类构造方式不同材料运用可能性的研究

3. 材料、构造与建筑形式的关系

阶段 5　2.4m^3 建筑的建造设计

建筑外墙应满足保温隔热、防水、通风采光、遮阳等多种构造功能要求，可以分别用不同的材料及不同的构造方式来实现。构造功能分解与合成对于理解材料、构造与建筑形式之间的关系有重要意义。

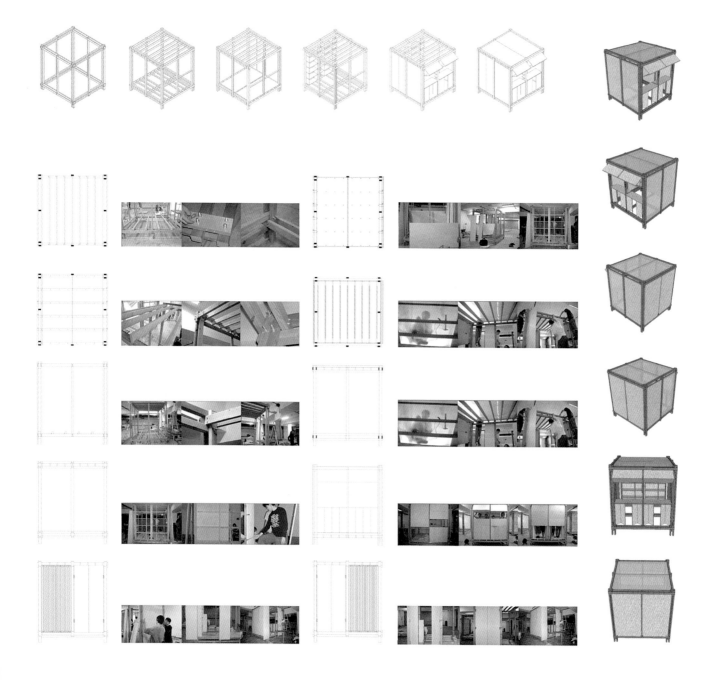

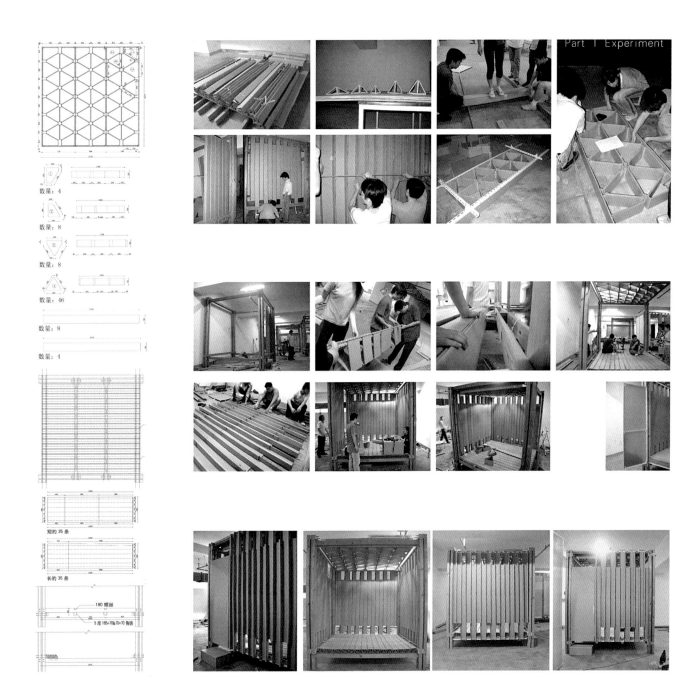

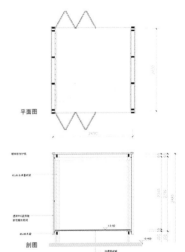

平面图

剖图

浦口园林景观小品设计与建造 2006

Sketch Series of Garden Building 2006

指导老师：冯金龙 / 周凌

Tutors：Feng Jinlong / Zhou Ling

　　材料、构造、结构和形式的关系是建构理论深入讨论的问题，通过建造实验，对材料进行技术性操作而获得切身体验，这种关系才可被感知。材料是建筑的物质基础，材料的合理选择和使用是基于对材料基本的物理力学性能、生成过程、使用特性以及连接方式与建造技术特点的充分认识与了解。木材作为主要的建筑用材之一，其特殊的材料性能、构造和结构方式体现了丰富的意义和内涵。通过实际建造的过程，学生可以掌握木构的建造技术特点、材料使用原则与节点构造方式，探讨由材料、结构和构造方式所形成的木构建造的逻辑关系，研究形式产生的物质技术基础。

设计研究及建造实验对象

　　主题公园园林景观建筑小品系列

研究内容

1. 材料特性研究
2. 材料的构造方式及其表现形式
3. 尺度的研究
4. 木构体系标准化研究
5. 木构体系适应性研究

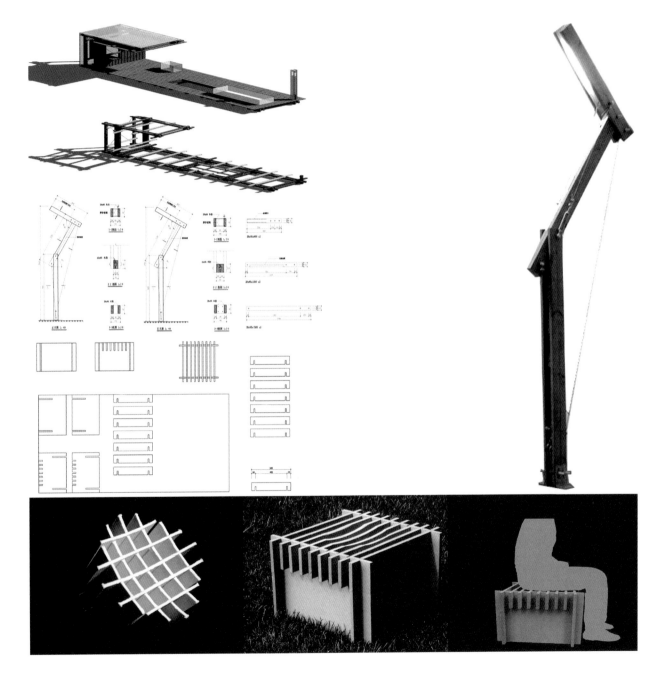

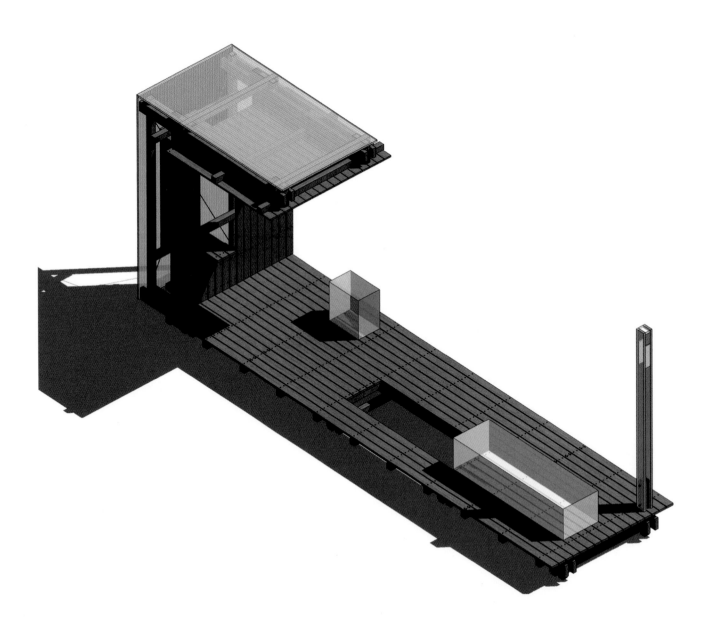

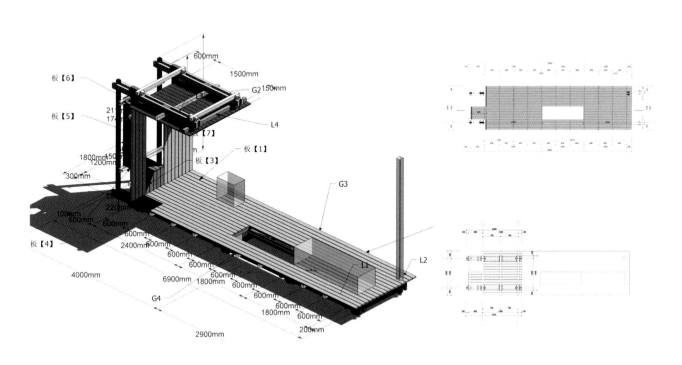

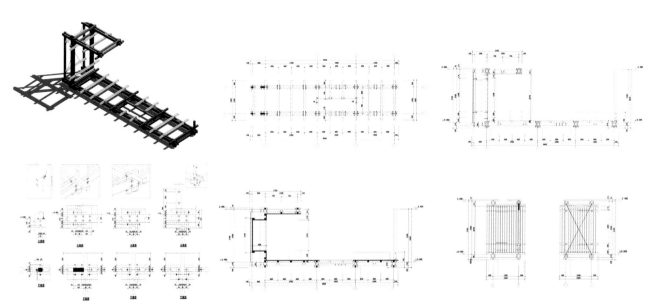

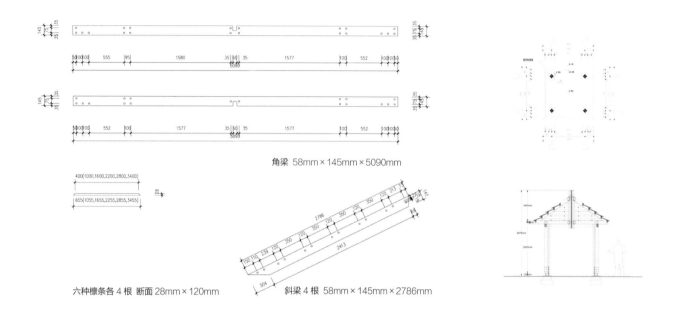

角梁 58mm×145mm×5090mm

六种檩条各 4 根 断面 28mm×120mm

斜梁 4 根 58mm×145mm×2786mm

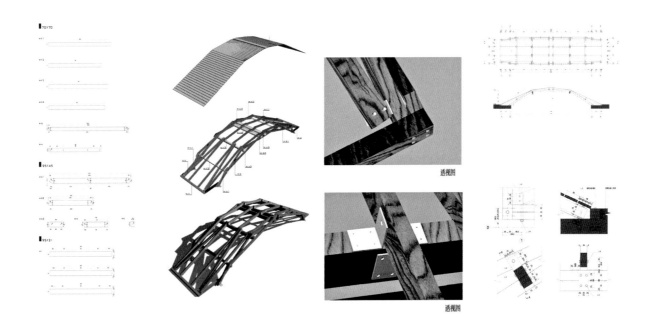

透视图

透视图

南京 / 挪威特维德斯特兰德国际工作营 2006

The International Workshop for Wooden Construction, Nanjing / Tvedestrand 2006

指导老师：赵辰 / 冯金龙 / 周凌 / 程云杉 / 沙米·林塔拉 / 何凤山 / 科尔布约恩·内斯耶·尼伯 / 奥德

Tutors: Zhao Chen / Feng Jinlong / Zhou Ling / Cheng Yunshan / Sami Rintala / He Fengshan / Kolbjørn Nesje Nybo / Odd

国际木构工作营 南京/特维德斯特兰德 THE INTERNATIONAL WORKSHOP FOR WOODEN CONSTRUCTION,NANJING/TVEDESTRAND

Christian Thrane

Luo Hui　You Wei　Tom Wilk　Hilde Rostadmo　Wenche Henriksen

观星台

建造计划很快就确定分为三个部分：一个供使用者活动的平台（plateform）、一个保护望远镜的覆盖物（covering）和固定望远镜支架的基础（base）。对无障碍设计、建造和使用需要的关注很大程度上影响了设计的最终结果。

由于时间紧张和场地条件复杂，我们放弃了用木材铺满整个基地，根据地形起伏形成一个宽阔曲折的地面平台的想法，而选择了6m×12m的平整宽大的矩形平面。这个尺寸的确定是基于轮椅使用的需要。覆盖物的设计也从建造一个较大的空间以供观测者使用简化为一个可移动的木盒，因为复杂的屋顶结构会给观测带来不便。使用的时候可以把它通过铺设在平台上的导轨推向一边。木盒本身也可以作为座椅使用。

攀爬架

攀爬架小组工作的目的是在林间为儿童和残障人士建造可攀爬设施。设计最初是从对基地环境的认识开始的：橡树环绕的几米见方的空地，以整石为底。这样的环境促使小组成员们去思考要创造怎样的设施来帮助人们获得与环境结合的攀爬体验。

整个结构也以"层"作为竖直方向上的划分单元。"层"不仅作为结构的竖向单位，也标示着攀爬活动的阶段逐"层"攀爬。

设计与建造同时进行，期间我们基于一种原则不断地修正设计，即构建尽可能简单的木框架来实现引发和满足使用者需求的多种攀爬方式。

国际木构工作营 南京/特维德斯特兰德 THE INTERNATIONAL WORKSHOP FOR WOODEN CONSTRUCTION.NANJING/TVEDESTRAND

Hou Bowen　　Ge Ning　　Olav Resell　　Sol Nesvik　　Kjersti Winjum　　Mari Smorgrav

亭

　　亭作为供人停留之场所的空间形式，是与桥联系的动线的端点。事实上，我们对建造设计的关注远远超出了结构物本身。一方面，这很大程度上决定了结构物的最终形态，例如出于对可加工材料尺寸的考虑，我们采用了以对角线方向为主的结构框架；另一方面，它也激发出了一些有趣的设计结果，例如座椅的设计。它源于功能需求，发展于建造试验，最后却回到了结构物本身，成为整合结构整体性的关键部件。在这里，我们找到了设计的支点。

树屋

　　在有限的时间、预算和劳动力的限制条件下，我们根据现场环境提出了一个概念："可移动"的树屋。这个概念的由来是基于用非传统的方式建造树屋的想法，它将挑战它的使用者。客户也对这个能随风摇摆的概念颇感兴趣。

　　我们最初设计的树屋像一个灯笼。它很小，平面大约为1.5m×1.5m，高2.5m，只能容一人栖身。很遗憾，我们现有的资源无法完成这样复杂的建造。所以我们简化了设计，三角形成为新树屋的形状，可以容纳两个人。

国际木构工作营 南京/特维德斯特兰德 THE INTERNATIONAL WORKSHOP FOR WOODEN CONSTRUCTION.NANJING.TVEDESTRAND

He Chili　　Chen Yongle　　Liu Wei　　Christian Lervik　　Kjartan Stavseth

桥

　　桥的结构原型来源于分布在中国浙南、闽北一带的木拱桥。三节苗与五节苗系统通过牛头联系在一起，在荷载作用下相互挤压，共同作用形成一个完整的结构整体，充分发挥了材料的受力性能。

　　在这里，我们希望从建造的角度探索这种结构类型在构造方式上新的可能。为了方便运输和整体吊装施工，我们用螺栓和铁件连接代替了原有的榫卯和绑扎连接。同时，我们尝试使用较少的结构拱形结构单元（四榀）与牛头形成结构框架后，再通过斜撑形成稳定的结构系统，不同于传统木拱桥通过并列放置大量的结构单元以获得稳定性的方法。

迷宫

　　由于界限的界定才会产生内与外的区分，同样，如果界限模糊就会带来内与外的不确定，在这里我们希望给孩子提供一种不同于建筑实体的构造物，它让玩耍于其中的小孩通过身体的移动体会到界限的微妙所在，同时构筑物在优美的树林中也消解了自身和环境的界限。

　　现实中的迷宫为我们的概念的实施提供了一个很好的平台，但是对于环境的尊重迫使我们消解迷宫自身所包含的强烈的自我姿态。我们在场地中不规则地设置转板，其位置的确定来自场地中的岩石和树木的方位。这一方面体现了我们对于环境的思考，另一方面转板在实现了界限概念的同时也发展出了迷宫的形式。

国际木构工作营 南京/特维德斯特兰德 THE INTERNATIONAL WORKSHOP FOR WOODEN CONSTRUCTION, NANJING/TVEDESTRAND

Martin Stockinger　　Totto Gunleiksen　　Peng Chang　　Kamilla Brikeland　　Mathilde Herdahl　　Cai Weisen

国际木构工作营 南京/特维斯特兰德 THE INTERNATIONAL WORKSHOP FOR WOODEN CONSTRUCTION,NANJING,TVEDESTRAND

Jg. Shjeldsoey   Tom Auger   Wang Leilei   Nora Vinghøg   Bjarne Asp   Luo Danqing

地表延展

建造的初衷是为孩子们提供攀爬、翻滚，甚至跌倒的场所。提供多样的空间成为设计的出发点。折板不仅确定了"板上"的空间，同时，通过和坡地对话，提供了"板下"空间。不同斜度折板的延续，若干行地板的组合，提供了丰富空间的可能。

基于对建造和无障碍设计的考虑，我们决定用平行的若干地板平行拼合成大"地板"。由于建造时间有限，决定只用三组地板拼合，但提供加建的可能，使之更接近"地板"，为孩子们提供更大的活动平台。

南京红山动物园建造实验 2007

Construction Experiment in the Hongshan Zoo in Nanjing 2007

指导老师：冯金龙 / 周凌
Tutors：Feng Jinlong / Zhou Ling

材料、构造、结构和形式的关系是建构理论深入讨论的问题，通过建造实验，对材料进行技术性操作而获得切身体验，这种关系才可被感知。材料是建筑的物质基础，材料的合理选择和使用是基于对材料基本的物理力学性能、生成过程、使用特性以及连接方式与建造技术特点的充分认识与了解。木材作为主要的建筑用材之一，其特殊的材料性能、构造和结构方式体现了丰富的意义和内涵。学生通过实际建造的过程可以掌握木构的建造技术特点、材料使用原则、节点构造方式，探讨由材料、结构和构造方式所形成的木构建造的逻辑关系，研究形式产生的物质技术基础。

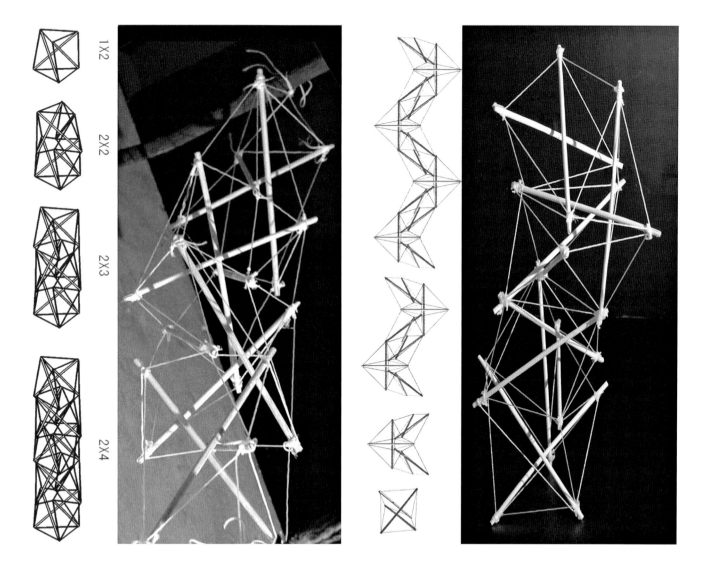

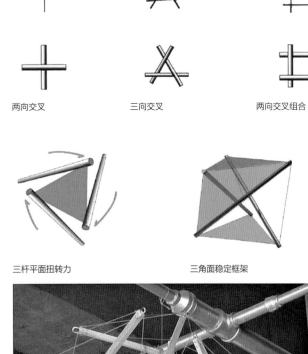

两向交叉　　　　三向交叉　　　　两向交叉组合　　　　五向交叉　　　　三向交叉组合

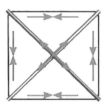

三杆平面扭转力　　　　三角面稳定框架　　　　三杆间拉力　　　　双杆间拉力与压力

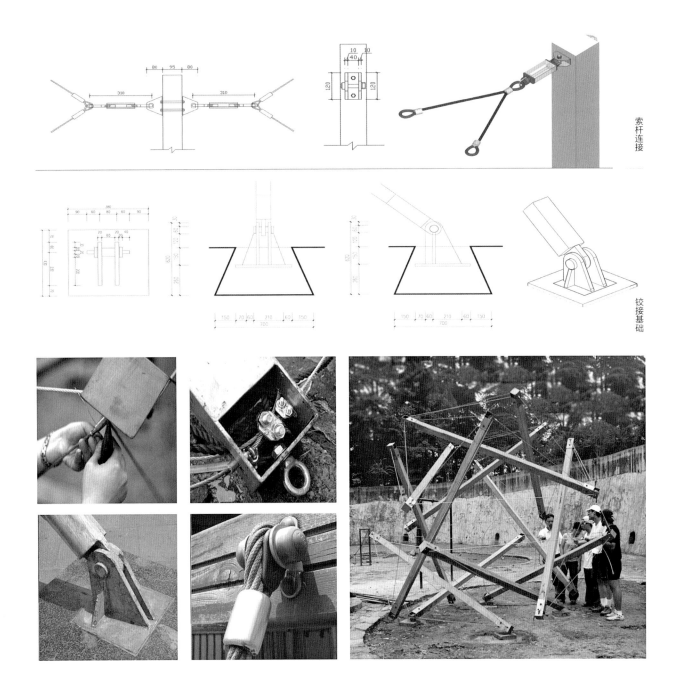

索杆连接

铰接基础

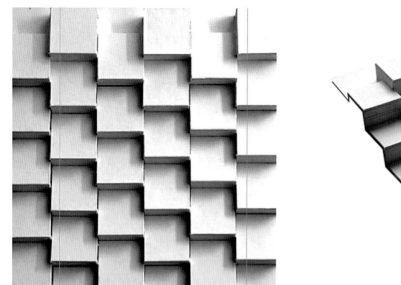

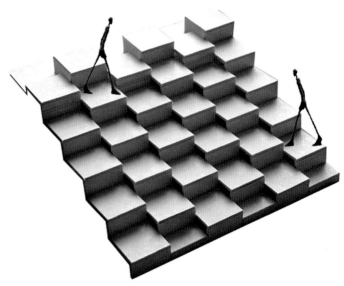

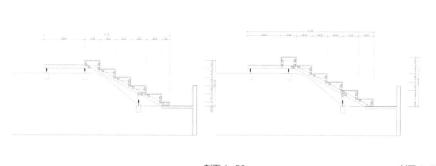

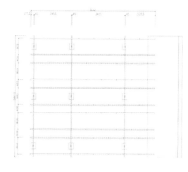

剖面 1∶50　　　　　　　　剖面 1∶50　　　　　　　　结构平面 1∶50

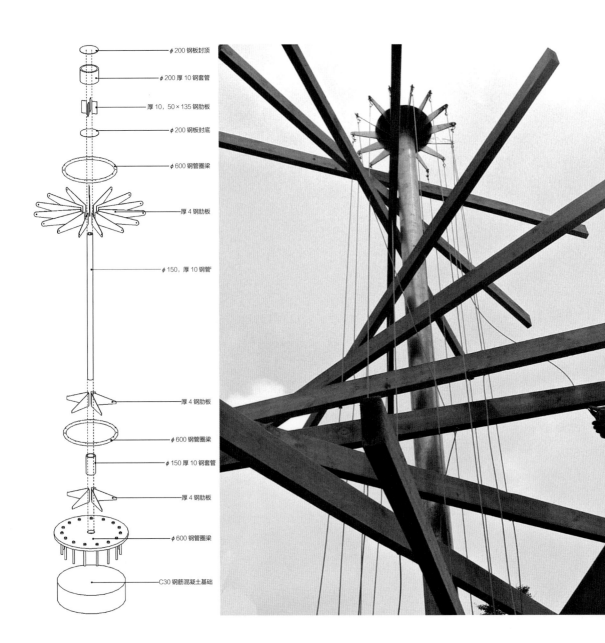

φ200 钢板封顶

φ200 厚10 钢套管

厚10, 50×135 钢肋板

φ200 钢板封底

φ600 钢管圈梁

厚4 钢肋板

φ150, 厚10 钢管

厚4 钢肋板

φ600 钢管圈梁

φ150 厚10 钢套管

厚4 钢肋板

φ600 钢管圈梁

C30 钢筋混凝土基础

仙林大学生建造节 2012

Student Construction Festival in Xianlin Campus 2012

指导老师：赵辰 / 冯金龙
Tutors：Zhao Chen / Feng Jinlong

以木为材料的建构文化是世界各文明中的基本成分，中国的木建构文化更是深厚而丰富。在全球可持续发展要求之下，木建构文化必须得到重新的认识和评价。对于中国建筑文化来说，这更具有文化传统再认识和再发展的意义。

文化的个性和差异并不仅仅存在于建筑的形态之中，更体现在建构的过程之中。"木建构文化研究"从木材的基本材料特性出发，研究木材的连接形成木建构的形态，探索以此构成各种功能目的的营造物。从木构的结构造型可以看出，构件的分解、组合有可能更充分地发挥木材的材质特性，从而突破传统木构的高度与跨度之限制。对不同文化的木建构进行对比，有助于建筑师理解木构文化的意义。

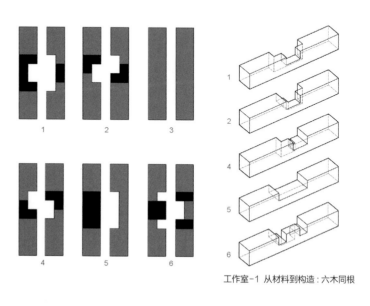

工作室-1 从材料到构造：六木同根

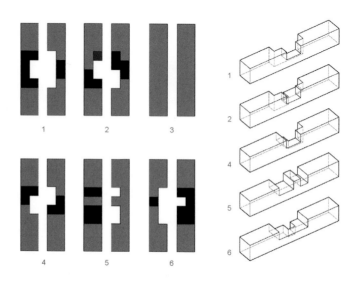

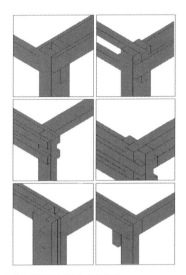

工作室-2 从构造到结构单元：木构框架

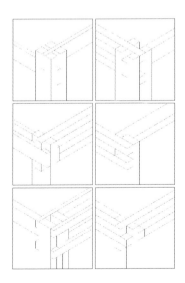

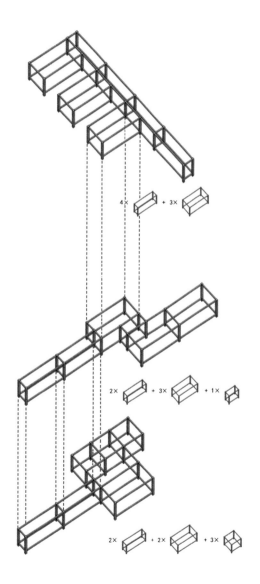

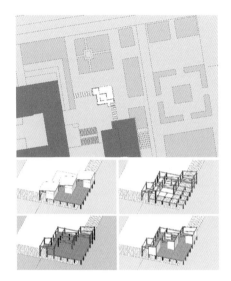

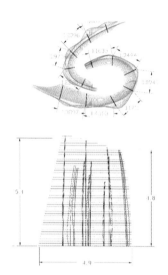

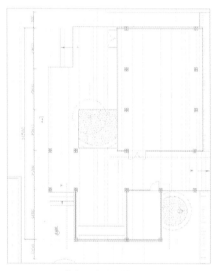

工作室-3 根据场地 / 功能的基本单元发展

设计一

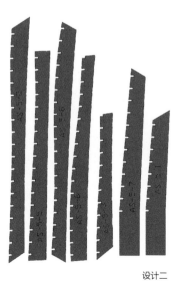

设计二

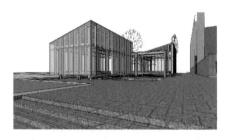

设计三

工作室-4　建造实验方案的发展

设计一　　　　　　　　　　　　　　　　　　　　　　设计二　　　　　　　　　　　　　　　　　　　　　　设计三

"低技建造"：莫干山竹构搭建 2015

"Low-Tech Construction"：Bamboo Construction in Mogan Mountain 2015

指导老师：傅筱 / 陈浩如
Tutors: Fu Xiao / Chen Haoru

1. "建造技术研究"课程回溯

　　南京大学建筑系研究生阶段的选修课程包括两个方向、四门课程。一个方向是注重思维和设计方法训练的课程，包含"概念设计"和"城市设计"两门课程，另一个方向是注重基本逻辑和实际操作训练的课程，包含"基础设计"和"建造技术研究"两门课程。在十多年的教学中，"建造技术研究"由于受到资金、材料以及建造场地的制约，期间课程形式和内容变化较为明显，具体而言分为三个阶段。

2. 第一阶段（2000—2007 年）：木构建造

　　由于得到芬兰木业相关资助，在赵辰、冯金龙、周凌三位老师的带领下，学生开展了一系列的木构实地建造，期间的建造活动包含了蒙民伟楼地下室木构亭子建造、南京大学仙林校区步行桥建造、芬兰山地建造以及红山动物园系列木构小品建造等。这阶段取得的课程研究成果是让学生通过亲身建造，真切体会到真实材料和真实尺度的意义，并建立起建造是衡量设计的核心标准的认知。

3. 第二阶段（2008—2014 年）："基础设计"的深化与发展

　　随着芬兰木业资助项目的结束，实际建造活动也暂告一段落。"建造技术研究"课程转为"纸上建筑"研究，课程以"基础设计"作业为基础，深入探讨两个问题，一是不同的结构类型对应的空间形态特征研究，一是设计概念与构造设计的关联性研究，课程由冯金龙、傅筱两位老师执教。2009 年，毕业于东京工业大学的郭屹民老师加入该课程，郭屹民老师对结构颇有研究，因此开设了"结构概念设计"课程。至此，"建造技术研究"课程衍生为两门子课程，即"建构设计"和"结构概念设计"。"建构设计"主要是通过设计训练，训练学生对设计概念与构造技术的关联性认识。"结构概念设计"课程主要在学习结构基本知识的基础上，让学生掌握结构与功能、结构与空

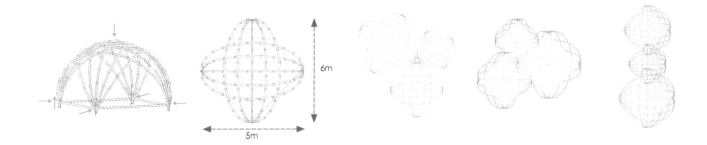

间、结构与建造的关系。这一阶段的训练虽然是纸上谈兵，但是通过大量的技术图纸设计，让学生建立起了真正的设计图纸其实就是建造，每一根线条实际上就是建造的认知。

4. 第三阶段（2015—　　）：重回建造—竹构

2015 年，在周凌、赵辰两位老师的努力下，得到了相关资金和场地的支持，课程组得以重回建造。建造地点选择在浙江莫干山南路乡"60 亩农田服务设施规划"场地内，以竹结构为主实地建造"山野乐园"景观小品，供游客和儿童使用。这次建造活动有幸邀请到了有丰富竹构经验的"山上建筑工作室"主持建筑师陈浩如执教。在陈浩如、傅筱两位老师的带领下，学生完成了双亭、四面佛、三角亭、六角亭等竹构小品。这次建造活动仍然延续了"真实材料和真实尺度"的基本要求，让学生在设计和搭建过程中体验材料、尺度、空间、受力、建造的相互制约和促进作用。从教学全过程而言，学生体会最深的是构想一个纯粹的形式是容易的，但要整合出一个尺度合理、充分利用材料的力学特征同时易于实地建造的形式并非易事，而这些恰恰

才是真正的形式。

一门课程如果能够较长时间地开设下去，说明课程探讨的一定是具有建筑学核心价值的问题，"建造技术研究"正是这样的课程，开设至今已然十五载。十五年中，课程的形式和内容随外在条件的改变而不断变化，可以预计这样的变化还将发生，我们也期待这样的发生，因为建造从来就是一种随条件改变而发生的活动！

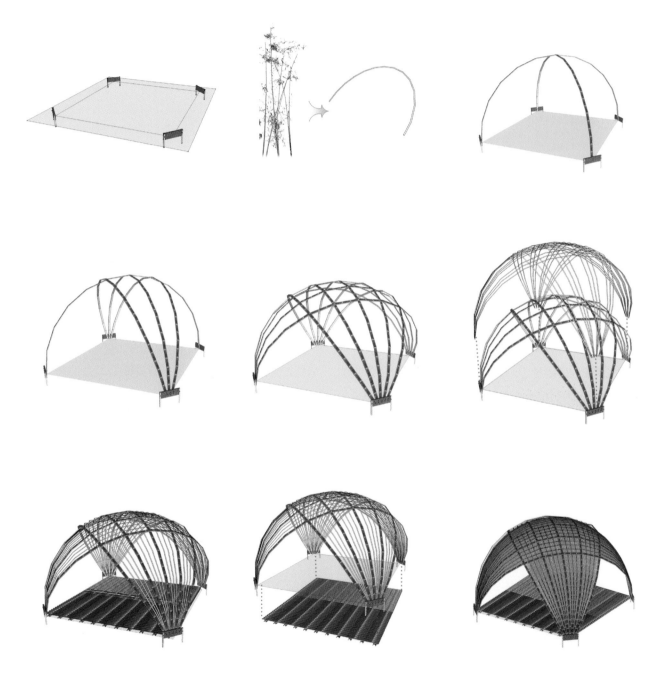

一些重要节点

建成初期效果

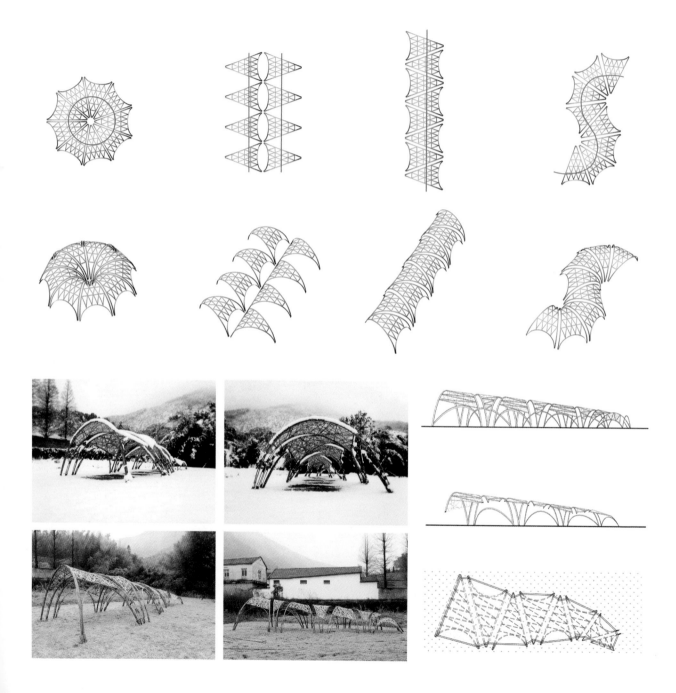

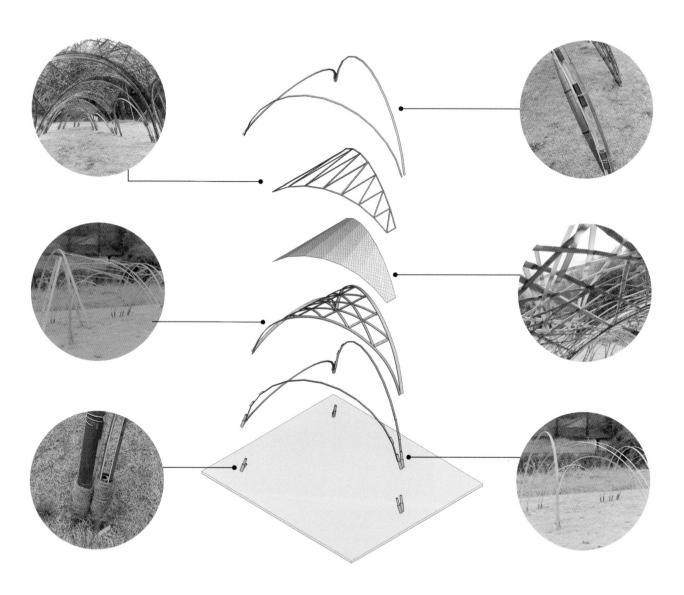

方案从竹子本身易弯的特性出发，通过弧形的基本构件来进行形体组合。

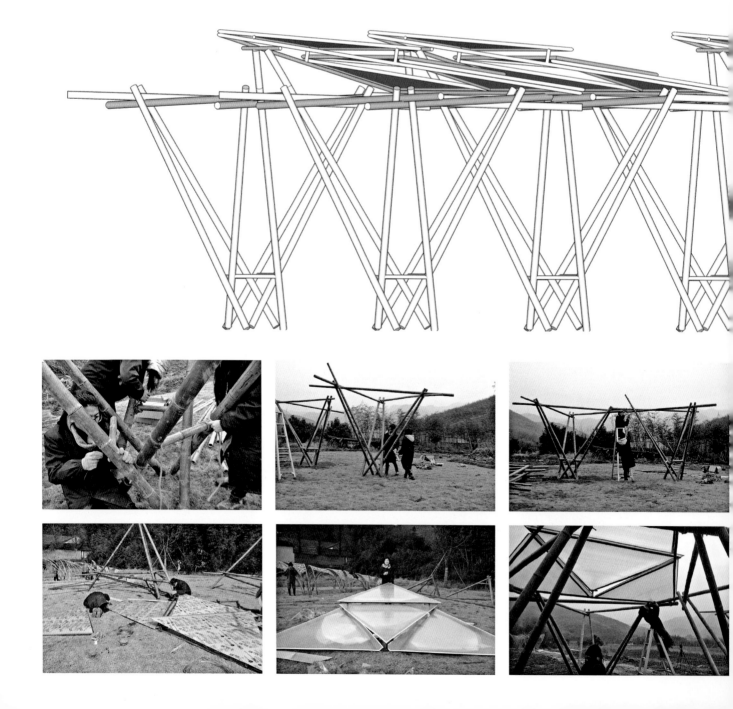

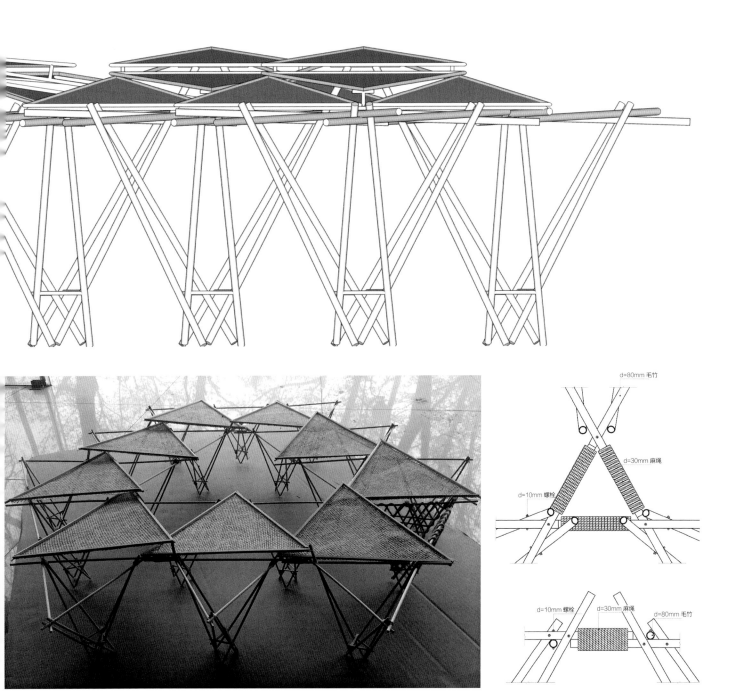

工业化竹材建造实验 2018/2019

Industrialized Bamboo into Construction 2018/2019

指导老师：赵辰
Tutor：Zhao Chen

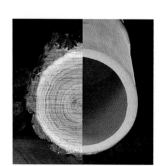

安排

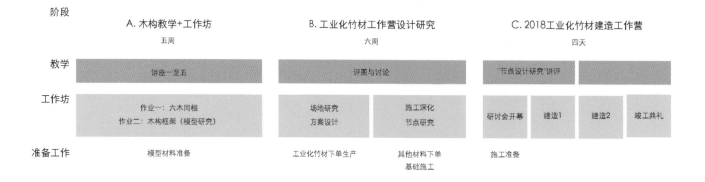

阶段	A. 木构教学+工作坊	B. 工业化竹材工作营设计研究		C. 2018工业化竹材建造工作营			
	五周	六周		四天			
教学	讲座一至五	评图与讨论		"节点设计研究"讲评			
工作坊	作业一：六木同根 作业二：木构框架（模型研究）	场地研究 方案设计	施工深化 节点研究	研讨会开幕	建造1	建造2	竣工典礼
准备工作	模型材料准备	工业化竹材下单生产	其他材料下单 基础施工	施工准备			

第一讲　对全球木建构文化的重新认识

前言：关于本课方法论的探讨

　　· 建构思考作为理论架构与教学程序

　　· 设计的理论思维与实际操作的结合

A. 对作为建材的木材之重新评价

　　· 费莱切尔和梁思成的认识："土与木，所有建材之
　　　根源"

　　· 基于可持续发展理论的理解：木材作为最生态的建材

　　· 木材一直以来就是最方便和最大量使用的材料之一

B. 木构作为世界建筑的传统

　　· 欧洲

　　· 东亚的深厚传统

　　· 美洲的规模化建造

　　· 木建构与农业、工业、后工业文明

C. 世界现代木构建筑之新发展

　　· 理论与社会的基础

　　· 欧洲大师作品所代表的现代木构发展

　　· 日本大师的当代木构探索

　　· 可持续发展意义的欧洲现代木构案例

作业一：六木同根

第二讲　中国木建构文化的原则和方法之一，木质材料性与构造

A. 重新审视中国及东亚之木构传统

　·生态意义的木构传统思考

　·木材作为自然材料持续性地被人类使用

　·木材能持续性使用的原因：木材性能，建造传统

B. 木材特性的认知

　·纤维与单向性

　·纤维的密度与走向导致木材质的差异

　·木材的力学特性：单向受力

　·木材的有效材料特性：线性，杆件

C. 木材的搭接

　·木材的垒叠搭接：井干

　·木材的绑扎搭接：绳木

　·木材的穿插搭接：榫卯

　·中国榫卯技术的发展

　·欧洲的榫卯

　·日本的榫卯

D. 工作室："六木同根"，中国传统木构游戏

　·目的：理解中国传统木构节点的作用

　·要求：按图制作"六木同根 2 号"

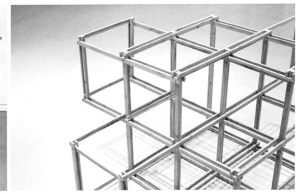

作业二：木构框架

第三讲 中国木建构文化的原则和方法之二，从家具到建筑物

A. 建构意义的中国木构传统之探索

· 中国传统木构体系之结构受力主体

· 木构体系中的官式与民间之异与同

B. 最有效的木结构组织：框架

· 如果砖的结构特点是"拱"，线性杆件木材的结构特点应该是"框架"

· 有效材料的杆件搭接组合成的空间形态

· 杆件之间以榫卯搭接而成的中国的木框架

C. 中国传统木建筑中框架部分与屋面的关系

· 对中国建筑木构体系的古典主义诠释缺少足够的木框架理解

· 穿斗式的木构体系清晰地反映框架意义

· 官式木构体系如何反映框架意义

D. 家具和建筑：木框架作为理性的演变结果

· 木框架的形成：家具的演变

· 木框架的形成：建筑的演变

E. 从家具到建筑：人本的木框架

· 中国建筑的模数：李约瑟的说法

· 勒·柯布西耶的"模度"和中国木建构文化中"间"的意义

· 由人体与框架的关系来确定从家具到建筑的基本原则

F. 工作室-2，从构造到结构单元：木构框架（模型研究）

· 目的：特定的杆件材料（工业化竹材）构成框架的结构单元意义

工业化竹材（竹集成材）

第四讲　东亚建造的工业化生态型材料，从木材到竹材

前言：对竹的认知

　　· 竹与人类文明的发展

A. 竹材，作为一种建筑用材

　　· 作为建筑用材之原竹的材料特性

　　· 原竹的材料特性导致的构造特点

B. 可持续发展前提下的竹材开发应用

　　· 与木材相比的竹材开发潜力

　　· 基于生态意义，相比木材的使用竹材之优势

C. 原生材料的工业化加工，作为现代化发展的途径

　　· 中国木构传统的现代化发展问题回顾

　　· 木材与木结构的分解与合成

　　· 分解而合成的工业化竹材具有巨大的建材潜力

D. 工业化竹材的建造应用

　　· 建造业的规模化应用意义

　　· 工业化竹材作为结构性材料

结语：工业化竹材结构性能的呈现

南京大学 110 周年校庆"中国大学生建造节"2012

第五讲 建造实验在教学中的意义

A. 建造与设计

　　· 古代，建造包含设计

　　· 现代，设计指导建造

B. 建造与教学

　　· 师徒制教学中的建造

　　· 现代主义运动中的建造

　　· 包豪斯的建造

　　· 关于建造实验教学的定义

　　· 当今国际建筑教学中的建造

C. 南京大学的建造实验

　　· 木构单元体的建造 2005

　　· 国际木构工作营 2006

　　· 南京红山动物园建造工作营 2007

　　· 南京大学 110 周年校庆"中国大学生建造节"2012

2012 南京大学仙林建造节

　　· 场地：南京大学仙林校区

　　· 功能目的：快递配送站；信息发布等

　　· 设计策略：贴地，站立，覆盖

D. 南京大学 2018 建造工作营（工业化竹材）

"竹塔"（工业化竹材多层结构），以小断面结构用材，实验高度方向发展的空间多样性。参与者用7周的时间设计整体架构及金属节点；厂家预制构件，并在现场3天内建成。该建造活动成功地实验了现代竹建构的创造性，并激活了校园公共空间。

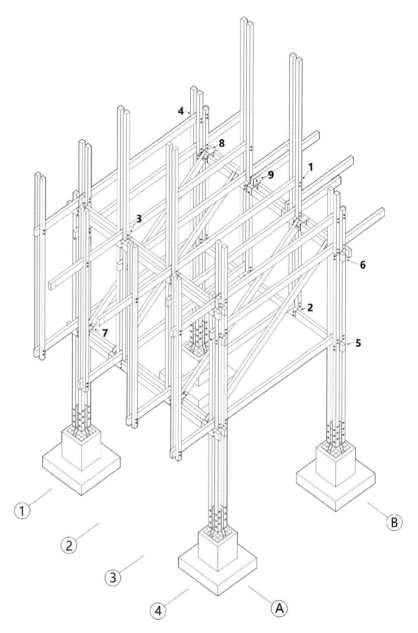

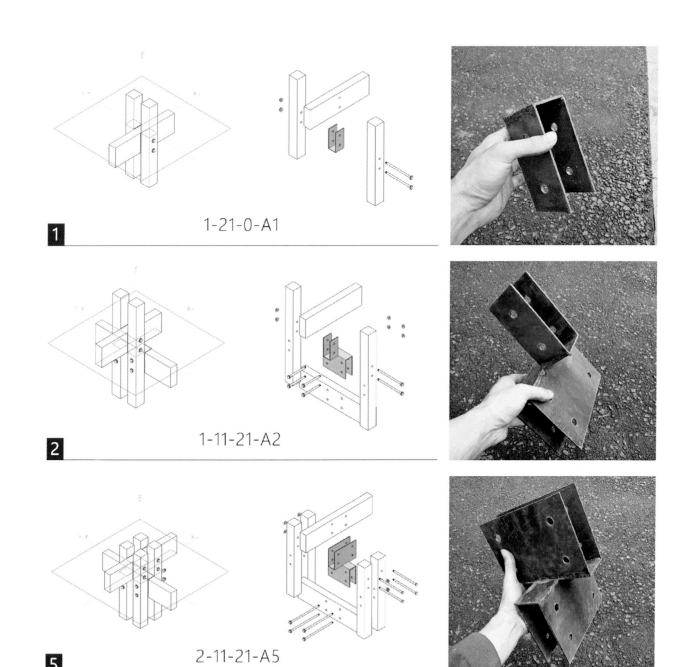

1　1-21-0-A1

2　1-11-21-A2

5　2-11-21-A5

MAY 29 / DAY 1
10:00

MAY 29 / DAY 1
15:00

MAY 29 / DAY 1
15:15

MAY 30 / DAY 2
9:40

MAY 30 / DAY 2
9:55

MAY 30 / DAY 2
12:00

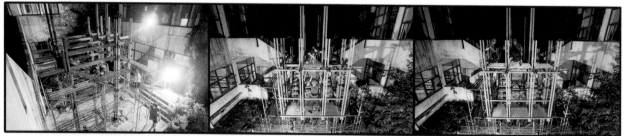

MAY 30 / DAY 2
21:45

MAY 31 / DAY 2
0:30

MAY 31 / DAY 2
1:30

MAY 31 / DAY 3
14:00

MAY 31 / DAY 3
15:00

MAY 31 / DAY 3
15:30

MAY 29 / DAY 1
15:45

MAY 29 / DAY 1
19:45

MAY 29 / DAY 1
21:00

MAY 30 / DAY 2
13:15

MAY 30 / DAY 2
15:00

MAY 30 / DAY 2
18:20

MAY 31 / DAY 3
10:45

MAY 31 / DAY 3
11:50

MAY 31 / DAY 3
13:00

MAY 31 / DAY 3
16:00

MAY 31 / DAY 3
17:00

MAY 31 / DAY 3
17:50

"Construction Workshop with Ecological Material of Industrialized Bamboo"
for AEARU Symposium 2018
"工业化竹材生态建造工作营"暨AEARU2018研讨会

竣工典礼（2018年5月31日）
Completion Ceremony（May 31, 2018）

2019 国际竹建筑大赛 (IBCC2019)

　　方案以"竹之器"为设计概念，采用以工业化竹材为建筑结构材料的体系化设计与建造方式：以金属件连接，完全工厂预制加工，现场安装。方案意在探讨新材料、新技术引领下的未来绿色建筑方向。"器"取"机器"之义，代表了可预制、可复制、快速传播之义。工业化竹材具有满足建筑基本耐久性使用的"器"之能力，是面向未来的生态型的建筑材料，更适于社会大工业生产背景的未来可持续发展要求的建筑事业。

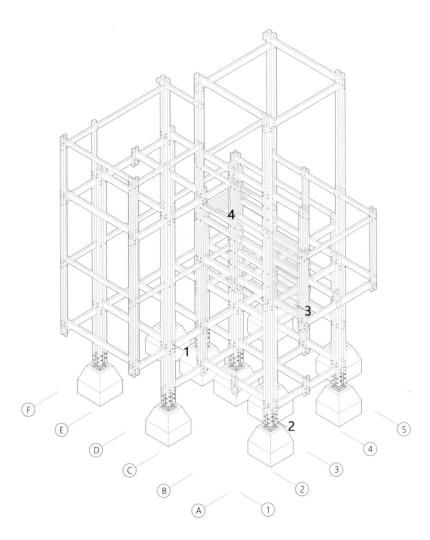

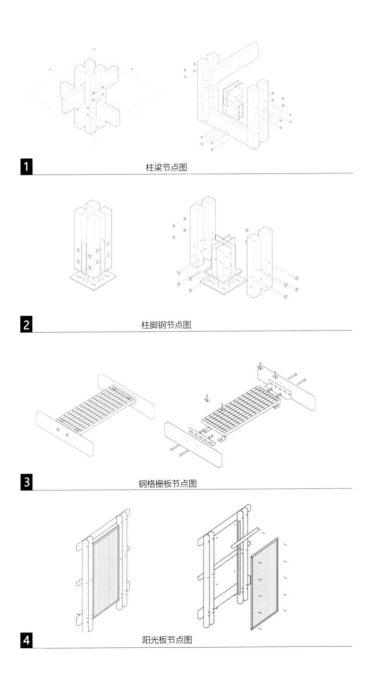

1 柱梁节点图

2 柱脚钢节点图

3 钢格栅板节点图

4 阳光板节点图

JULY 16 / DAY 1
13:30

JULY 16 / DAY 1
15:50

JULY 16 / DAY 1
18:50

JULY 17 / DAY 2
9:20

JULY 17 / DAY 2
10:30

JULY 17 / DAY 2
11:40

JULY 17 / DAY 2
20:00

JULY 17 / DAY 2
21:30

JULY 17 / DAY 2
24:00

JULY 18 / DAY 3
14:20

JULY 18 / DAY 3
15:30

JULY 18 / DAY 3
16:30

JULY 16 / DAY 1
20:30

JULY 16 / DAY 1
20:45

JULY 16 / DAY 1
21:00

JULY 17 / DAY 2
13:40

JULY 17 / DAY 2
15:40

JULY 17 / DAY 2
17:40

JULY 18 / DAY 3
9:40

JULY 18 / DAY 3
11:00

JULY 18 / DAY 3
12:40

JULY 18 / DAY 3
18:00

JULY 18 / DAY 3
19:00

JULY 18 / DAY 3
20:15

竣工典礼（2019 年 7 月 18 日）

设计基础二 2014
Basic Design Ⅱ 2014

指导老师：鲁安东 / 丁沃沃
Tutors：Lu Andong / Ding Wowo

　　实验两种材料：竹子与PVC管，运用互承结构原理，用小的杆件完成"大"的覆盖空间。材料长度1.2—1.5m，截面4—5cm；搭建出的空间高2m，宽3—5m。尝试通过变化杆件的截面尺寸、搭接窗口的形状与大小、搭接方式等获得多样的空间形式。

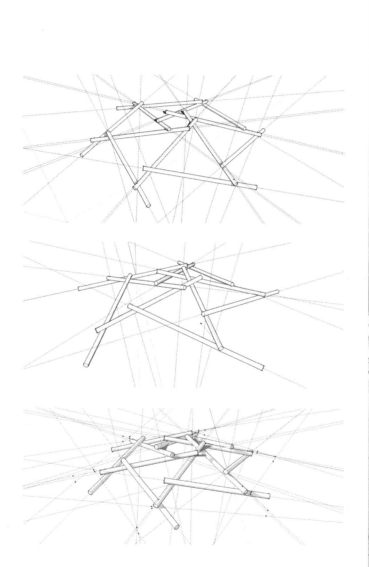

设计基础二 2015
Basic Design Ⅱ 2015

指导老师：鲁安东 / 丁沃沃
Tutors：Lu Andong / Ding Wowo

球面   连接   收边

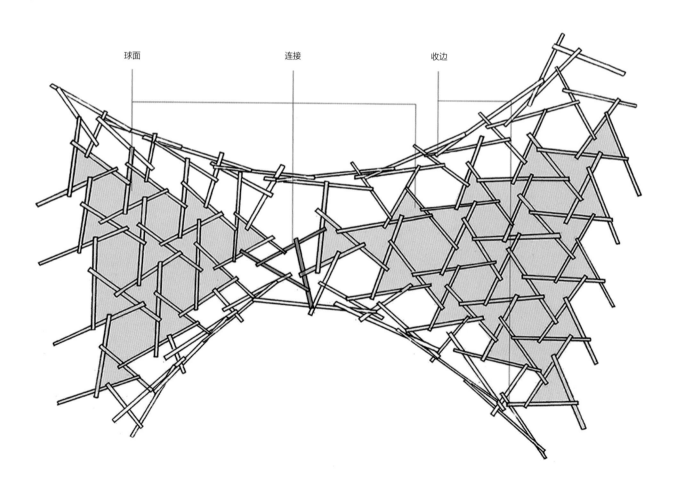

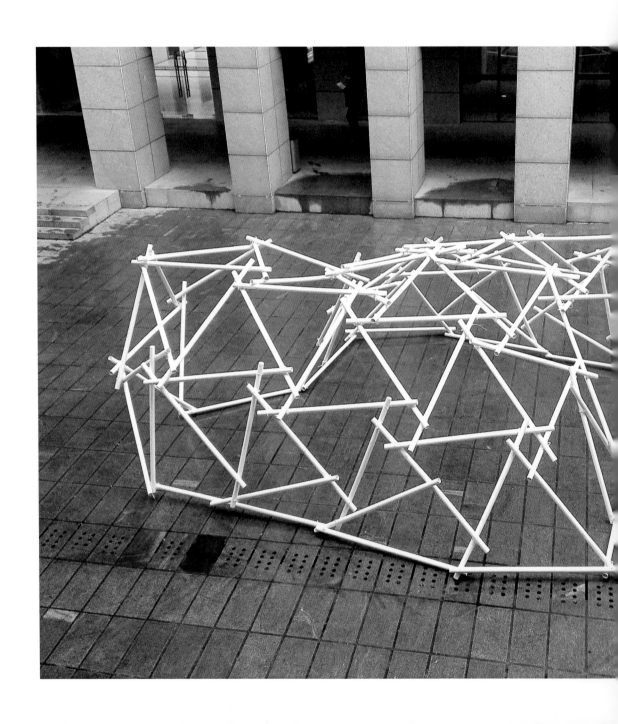

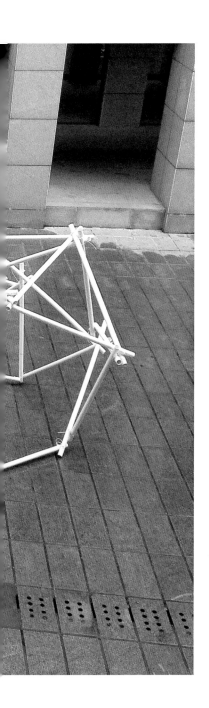

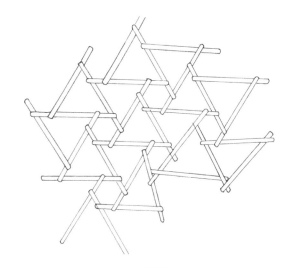

顶视图

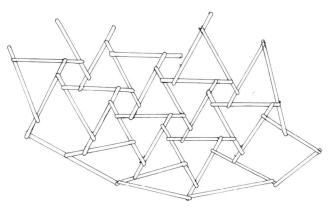

正视图

在实际搭建过程中初步建立材料、节点、造价等概念。

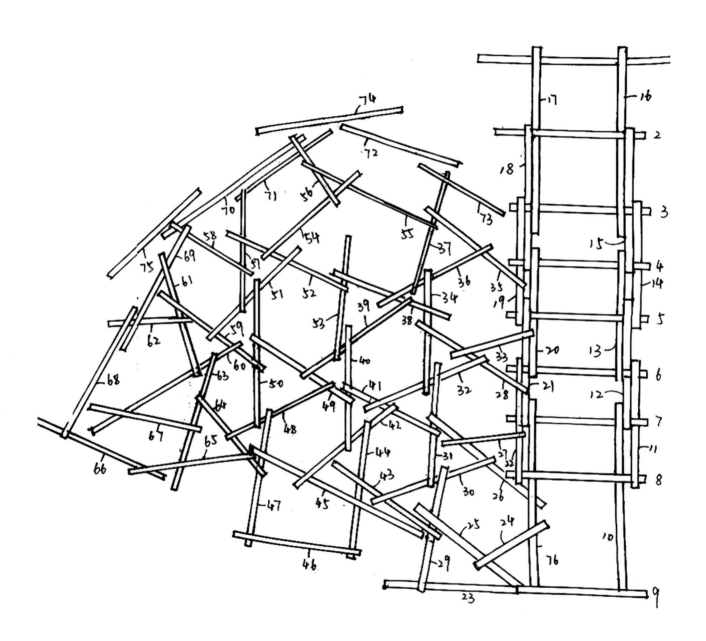

设计基础二 2016
Basic Design Ⅱ 2016

指导老师：丁沃沃 / 鲁安东 / 唐莲 / 刘妍
Tutors：Ding Wowo / Lu Andong / Tang Lian / Liu Yan

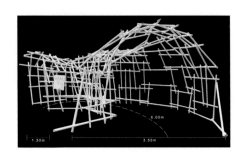

作为本科生一年级第二学期空间训练的第三部分，即最后一个练习，在"动作—空间分析"以及"折纸—空间包裹"之后，作为对学生的材料与造型思维能力的进一步训练，练习三"空间搭建——互承的艺术"将设计训练的空间从人体局部的空间运动扩大到人体行动路径的尺度，通过真实搭建身体能够进入或通过的空间结构，训练学生形成对建筑的材料结构与建造施工的初步认识。

1. 课程设置

"空间搭建——互承的艺术"教学历时六周，要求以指定的结构语言（互承结构）、指定材料的杆件（4—5cm直径的PVC管），以穿孔绑扎为结点形式，在指定的场地，以有限的材料数量（100根左右杆件），完成一件有特定高度与开口尺度的结构装置的设计与建造。课程在"基于场地的形式操作"的大主旨下，将结构的尺度扩大到真实的人体行进运动空间中。在近于建筑尺度的建造中，结构

面对材料的自重、强度以及外部的自然与人为荷载的环境，面对真实的建造施工问题以及结构失效的压力。为此，教学过程设置三个阶段的练习。第一阶段是基于模型杆件的基础练习（一周），第二阶段是以1∶10的模型杆件进行结构形式的设计（三周），第三阶段则使用足尺材料进行搭建（二周）。

1.1 互承结构基础练习

阶段一互承结构基础练习向学生传授互承与非互承结构的基本原理，训练学生对于材料与结构特性的认知。学生需要认识与学习互承结构的基本单元形式、构造特征与设计参数，并且使用木质模型材料，对选定的单一形式的结构单元加以扩展，制作一个半径15—20cm的匀质穹体。

这个练习有助于使学生迅速建立起对于互承结构这种特殊的结构形式的构形特征与结构原理的基本认识。当调整杆件与单元格网的尺度参数时，结构体的角度（曲率）

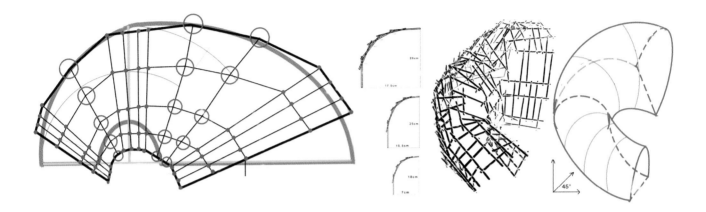

就会产生相应的、难以准确计算的空间几何变化。学生被要求对杆件与单元尺度进行调整尝试，并对杆件与结构的几何关系进行推算、测量记录与总结归纳，定性掌握这种结构的设计参数与几何形式之间的关系。这一训练延续了对于材料认知的训练。学生将通过模型制作，切实体会具有较高刚度的短小杆件材料与具有一定弹性变形能力的稳定结构体之间的转变。

1.2 互承单元的变形与组合研究

在阶段一建立起来的对于互承结构单元特征与参数调控的认识基础上，在阶段二与阶段三，学生将面对特定的任务要求，进行互承结构的造型设计。设计任务为建造一个非对称形式的互承结构曲面覆盖体，建造高度不小于2m，并带有使人可以正步行进的通行孔洞。其中，阶段二使用木质模型杆件进行 1：10 的模型设计，阶段三使用实际的建造材料（PVC 杆件）进行现场建造。

在阶段二，学生以前一阶段建立的对于单一单元造型性质的认识为基础，对不同形式、不同尺度的互承单元进行组合与变形，以此为造型手段。对造型提出设计概念后，利用分析图示与模型进行造型探讨与结构推敲。在这一阶段，学生面对形式概念与结构实现之间的极大挑战。受到互承结构的曲线造型的鼓舞，学生会设想灵活而生动的几何意向。但在模型结构面前，则要面对几何构造的限制与结构稳定性的压力。这一阶段，三周的教学首先以两人的小组进行设计，之后相似的设计被合并，失败的设计被淘汰。在教师的指导下，学生会在动手的过程中不断进行调整，改进模型，最终形成 5 组设计主题，每组 4—6 名成员。

除了通过模型来呈现变形与组合的可能之外，还需手绘图解单元几何尺寸、关系，对空间格网的基础原型以及变形进行图示解析，了解单元与结点的变形与组合、正反方向互承等因素对于形式控制的意义。绘图训练有两个层面的目标：一方面，结构设计作为理性思考与控制的产物，要求学生从平面投影图示入手，进行概念与初步的形式思考；另一方面，建造成果要求具有"可复制性"，即模型设计需要得到准确的图像记录与图纸表达。

1.3 空间搭建：互承结构的实体建造

因为阶段二的模型设计成果直接应用于阶段三的实际建造，所以材料的直径、长度、数量、节点（打孔）位置必须得到准确的统计与记录。尤其本年度的搭建教学中重复使用前面两年遗留的搭建材料，学生面对更加严苛的材料条件，即相应的成本计算训练。

在阶段三，在两周的时间中，学生需将1:10模型"放样"到足尺的PVC管材材料上，使用打孔绑扎节点进行固定。在这个过程中，学生将对真实建造与结构体产生初步的直观体验：在材料层面，PVC管材较之模型木材更加柔软，穿孔绑扎节点的转动能力更大，材料的自重效应更加显著，因此被小尺度模型掩盖的结构问题会突显，有缺陷的结构会面对更加苛刻的考验。在构造层面，结构缺陷虽然可以被绑扎的灵活性掩盖，但节点构造精度的误差被放大强调。在施工层面，施工步骤与组织直接决定了结构的可操作性，团队的分工合作能力也得到训练。在结构稳定性层面，学生第一周在现场完成搭建后，成品在答辩展示前展陈于场地（平台广场）。在这一周中，成品要接受各种外力——风、雨与好奇民众的荷载考验。稳定性有缺陷的结构，在此期间会产生较大变形，学生不得不在几天后返回现场，调整

并加强。在答辩之后，变形最大的小组被要求进行结构失效分析。在最终的答辩与评判中，模型设计的应用、互承结构特性、结构的复杂度与难度、成品对设计概念的实现、成品结构的稳定性等，都是评判作品是否优秀的考虑因素。

2. 教学成果与讨论

"空间搭建——互承的艺术"课程取得了较好的教学效果，学生兴趣浓厚，最终作品及图纸完成度较高。对于一学期的空间基础教学来说，"空间搭建"承接了"动作—空间分析"中学生对身体尺度及空间关系的认知，以及"空间包裹"中场地—形式与结构的关系，并将空间与造型的训练进一步推向真实建造，真切、现实而又精简地将一年级学生引入"建造"这一建筑学之根本核心问题。

在本课程的最后的高潮——"艺术与理性"成果展中，5组装置根据特定的路线设计布置在场地中，学生身着练习二的"折纸服装"，以设计的路线、动作，在特别选定的背景音乐下，通过构造的洞口穿过5组装置：在他们亲手建造的"舞台布景"中，材料、结构、节奏、空间融为一体，融合体现三部分课程的整体训练。

空间搭建的训练以简练甚至抽象的方式，涉及现实建造的一些核心问题：场地、材料、构造、结构、形式、理性与偶然性、成本、不利荷载、变形、失效与加固。以互承结构这一相对难以计算控制的非传统结构作为训练介质，材料、形式与结构之间的关系得到了极为突出的强调。

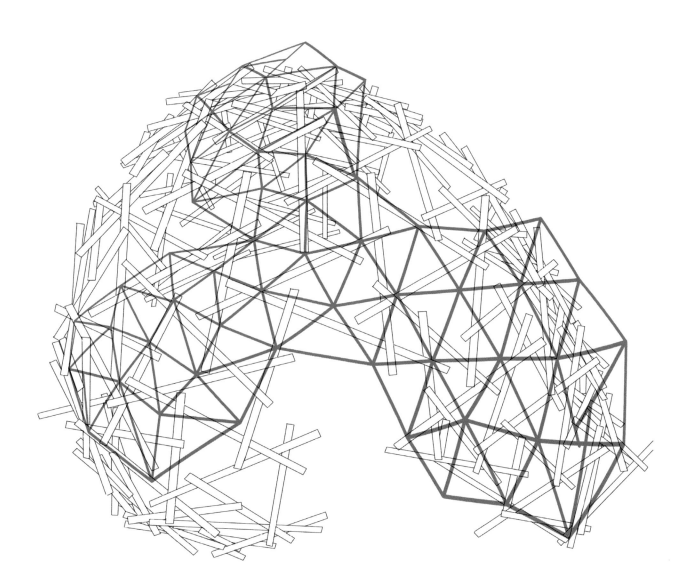

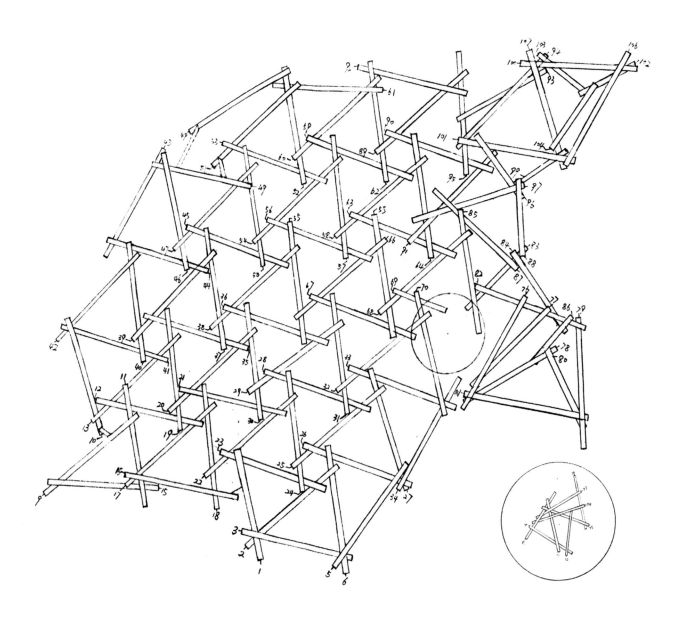

空间搭建的训练以简练甚至抽象的方式，涉及现实建造的一些核心问题：场地、材料、构造、结构、形式、理性与偶然性、成本、不利荷载、变形、失效与加固。

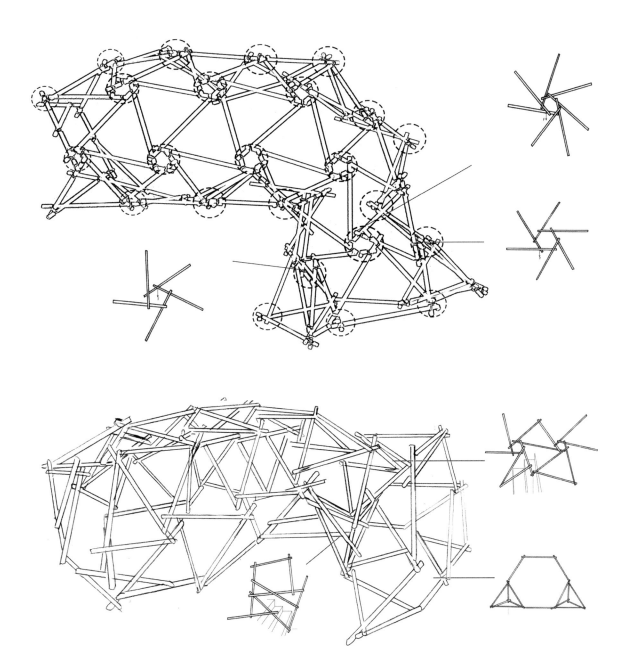

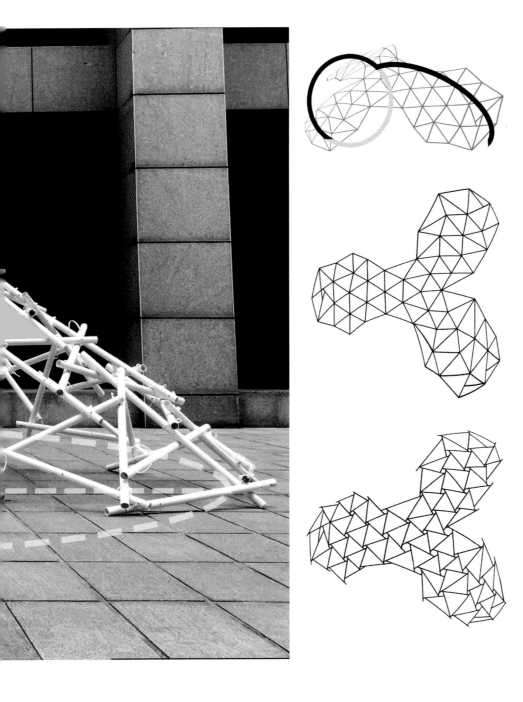

三、数字化建造

建构设计 Tectonic Design

南大建筑的数字建造实验

Digital Construction Experiments in Teaching of NJU Architecture

随着科技的发展，建筑设计与建造这两个层面都受到了明显的影响。在设计层面，以 Rhino-Grasshopper 为平台，参数化的设计生成方法越来越易于使用，没有编程基础的建筑师也能通过不同组件和参数的连接，轻松地完成复杂的形体生成。在建造层面，各种数控加工手段的应用，从激光切割机到数控机械臂，使得极其复杂的形体都有了准确实现的可能。在这样的背景下，数字设计与建造相关教学与研究的开展给当代建筑学带来了诸多较有意义的探索。它不但扩大了建筑从设计到建造的创作路径与实现手段，同时又促使两者互相关联和高度整合。其中，数字建造之于设计所充当的限定与创造的双重角色，为常规技术、新技术以及新材料等不同制约条件之下的建筑设计带来更多可能性。

数字设计自身的定义是比较宽泛的，所涉及的相关技术也非常广。而当我们将目光聚焦到数字建造上时，其本质是数字世界与实体世界的关联。它能够精确地将数字世界中的虚拟造物在实体世界中具现，即便这个虚拟造物的形状是完全不规则的，其背后是各种数控加工技术；它能够将数字世界和实体世界相连接，让实体造物智能化，其背后是各种传感器和传动装置。数字化时代的建造诗学既是对虚拟造物具现化的准确度的追求，也是对实体造物智能化的聪明度的追求。

另一方面，数字设计一直是南京大学建筑与城市规划学院重视的研究方向，多名教师在此方面都有着丰富的教学和实践经验。建筑与城市规划学院在数字实验室的建设方面也得到了学校层面的持续支持，配备了比较齐全的新型数字化加工设备，包括机器人加工建造系统、三维激光打印系统、三维激光扫描系统、数控雕刻机、激光切割机等大型数字加工设备，为数字化设计和加工建造提供了充分的技术保障，也使得各种新型数字技术的应用成为可能。因此，发挥我们的优势，在教学中开展数字建造的实验性探索，对建筑学科边界的拓展有着重要的意义。

在具体教学体系中，基于课程时长，我们设定了两类与数字建造相关的课程。一类是本科生毕业设计，这类课程时间跨度长，以数字建造作为课程的基本目的，让学生完整地掌握从数字生成到数控加工再到实体搭建全过程的相关知识。另一类是设计工作营，对象包括研究生和本科生。这类课程时间跨度短，通常聚焦于某个具体问题，以数字建造为手段进行研究，因而成果也更加丰富多样。

一、本科生毕业设计

自 2013 年起，南京大学建筑学的本科毕业设计一直在探索数字化设计与建造的教学研究，开展了一系列专题化的教学实践，并于当年获得江苏省高等教育教学改革研究项目"建筑学本硕贯通机制下的本科毕业设计专题化改革研究"的支持。自那时起，每年都会有 1—2 组学生加入数字化建造专题，并通过合作完成最终作品的搭建。到 2020 年，一共有 10 组设计作品，涉及的材料包括木板、木棍、泡沫块、三维打印材料等，涉及的加工工具包括激光切割机、三维打印机、数控机械臂等。这些教学成果为数字技术在设计和建造中的应用积累了非常丰富的经验。

2013

设计主题	校园休息亭
指导教师	童滋雨，钟华颖
参与学生	陈凛，顾三省，何家斌，蒯冰清，乐磊，王适远，周荣楼
主体材料	胶合板
加工设备	激光切割机

2014

设计主题	校园数字化搭建
指导教师	童滋雨，钟华颖
参与学生	胡任元，黄广伟，蒋婷，李乐之，刘宇，鲁光耀，许梦逸，周平浪
主体材料	胶合板
加工设备	激光切割机

2015

设计主题	互承结构搭建
指导教师	童滋雨
参与学生	倪若宁，王思绮，王新宇，周松
主体材料	木棒，扣件
加工设备	激光切割机

设计主题	张拉整体结构搭建
指导教师	钟华颖
参与学生	黄凯峰，蒋造时，柳纬宇，王梦琴
主体材料	钢管，热塑性塑料
加工设备	三维打印机

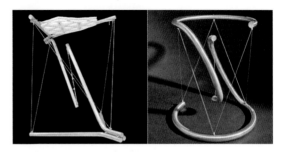

2016

设计主题	机器人搭建
指导教师	童滋雨
参与学生	钱宇飞，吴峥嵘，张馨元，张逸凡
主体材料	砖块
加工设备	机械臂

设计主题	微结构三维打印
指导教师	钟华颖
参与学生	陈虹全，苏彤，朱朝龙，罗坤，陆怡人
主体材料	热塑性塑料
加工设备	三维打印机

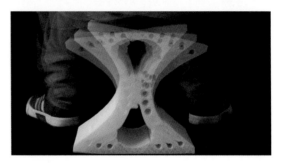

2017

设计主题	校园休息亭
指导教师	吉国华
参与学生	曹舒琪，罗晓东，章太雷，吉雨心，王成阳，黄追日，武波，徐家炜，周怡
主体材料	胶合板，热塑性塑料
加工设备	激光切割机，三维打印机，机械臂

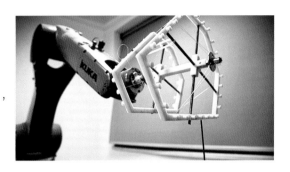

2018

设计主题	校园休息亭
指导教师	钟华颖
参与学生	马西伯，夏心雨
主体材料	热塑性塑料
加工设备	三维打印机

2019

设计主题	校园休息亭
指导教师	童滋雨
参与学生	李博文，张昊阳
主体材料	泡沫块
加工设备	机械臂热线切割

2020

设计主题	校园休息亭
指导教师	吉国华，李清朋
参与学生	陈应楠，周子琳，李宏健，雷畅
主体材料	胶合板
加工设备	激光切割机

二、数字设计工作营

　　早在 2011 年，南京大学建筑系就和荷兰代尔夫特大学建筑系合作进行了数字化教学项目"量子点云工作坊"，中荷两国的 18 名学生共同完成了从设计、加工到建造的全过程。自 2015 年开始，数字技术逐渐成为工作营的固定主题之一，指导教师既有来自国内其他建筑院校的 CAAD 领域的专家，也有来自美国、澳大利亚、日本等国的学者。多元化的指导教师也带来了更丰富的数字建造成果。部分设计的后续研究还在国际 CAAD 会议上发表和宣讲，充分体现了数字建造的探索性和研究性。

2011

设计主题	量子点云
指导教师	Nimish Biloria，冯瀚，吉国华，童滋雨
参与学生	陈默，董智捷，宋泽颖，田野，王涵，王星，杨扬，黄方，段梦媛，扈小璇，谢智峰，沈周娅
	Aurora de Liefde，Carlos Abel Saenz，Donald Pattinama，James Yapi，Ismael Quevedo Medina，Matthijs la Roi，Wouter Kroon
主体材料	泡沫块
加工设备	热线切割机

2014

设计主题	更轻的结构
指导教师	Alberto Pugnale，Sofia Colabella，童滋雨
参与学生	陈修远，吴昇奕，徐思恒，张明杰，陈凌杰，孙雅贤，谭健，徐晏
主体材料	卡纸
加工设备	激光切割机

2017

设计主题	人机协同数字建造控制系统
指导教师	小渕祐介
参与学生	迟铄雯，胡哲，胡蝶，李嘉康，李昊，刘晨，邱嘉玥，
	荣志毅，田亦秾，杨华武，杨泽宇
主体材料	热熔胶
加工设备	热熔胶枪

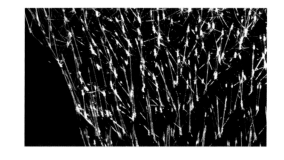

设计主题	超薄板材空间结构
指导教师	袁烽，王祥
参与学生	常雪石，陈妍，董素宏，黄陈瑶，李瑞彬，李雅，戚迹，
	任政行，王端，王秋锐，张馨元，朱鼎祥
主体材料	不锈钢板
加工设备	激光切割机

设计主题	神经元
指导教师	李飚，华好，唐芃
参与学生	陈硕，刘上，莫怡晨，王浩哲，文涵，谢江涛，吴帆，
	熊攀，徐沙
主体材料	胶合板
加工设备	机械臂

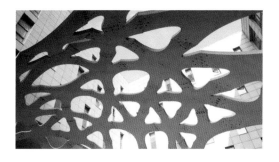

设计主题   互动巢群

指导教师   徐卫国

参与学生   曹舒琪，耿蒙蒙，宫传佳，蒋造时，李舒阳，李子璇，

                  梁晓蕊，梅凯强，朴星宇，杨肇伦，张彤

主体材料   不锈钢板

加工设备   激光切割机

设计主题   数字空间膜结构装置

指导教师   徐炯

参与学生   付伟佳，马耀，聂柏慧，徐依依，赵天翔，周娴

主体材料   张拉膜，热塑性塑料

加工设备   三维打印机

设计主题   弹性弯曲

指导教师   吉国华

参与学生   陈思涵，王坦，谢灵晋，谢军，刘江全，李江涛，

                  陆恒，章太雷

主体材料   胶合板

加工设备   激光切割机

设计主题	自适应接头
指导教师	Daekwon Park，钟华颖
参与学生	章太雷，宋宇玮，夏凡琦，马西伯，谢军，张彤，夏心雨，程雨童，陆恒，刘晨，胡慧慧，陈雪涛
主体材料	热塑性塑料
加工设备	三维打印机

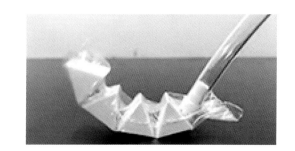

2018

设计主题	自适应接头
指导教师	Daekwon Park，钟华颖
参与学生	冯时雨，尹子航，施少銮，左斌，王慧文，陈晓，王维依，李让，李晓楠，严华东，郭鑫，时远，罗文馨，杜孟泽，曹焱，迟铄雯
主体材料	热塑性塑料
加工设备	三维打印机

设计主题	可快速搭建的木构亭
指导教师	Markus Hudert，孟宪川
参与学生	曹舒琪，董素宏，陆恒，夏凡琦，张彤
主体材料	胶合板
加工设备	激光切割机

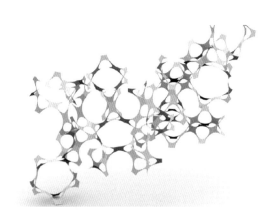

1. 本科毕业设计

校园休息亭设计 2013

Project of Pavilions in Nanjing University 2013

指导老师：童滋雨 / 钟华颖

Tutors：Tong Ziyu / Zhong Huaying

校园休息亭设计

　　南京大学拟在校园内选择几处闲置的坡地或室外台阶搭建一批供两到三位学生课间休息的小型休息亭，以方便学生的学习和生活，丰富校园景观环境。针对项目批量建造和用地多变的特点，应用参数化技术进行设计，完成 1：1 原型的建造。

设计需满足三方面的要求：

1. 适应不同用地条件所引起的出入口方向、朝向、光照条件等设计影响因素的变化。

2. 满足预算和现有加工条件的限制。

3. 满足自行建造的要求。

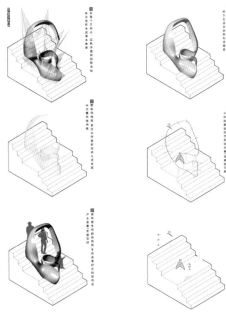

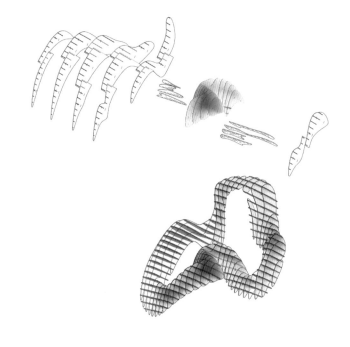

阶段一（3周）
学习参数化设计技术

阶段二（7—8周）
建筑设计

阶段三（5—6周）
原型搭建

1. 计算机编程
编程基础概念与方法
编程方式下的几何生成

2. 参数化方法
参数化方法原理
参数化方法基础应用
参数化方法扩展

1. 设计概念
设计要求解析
设计意向

2. 形体生成
设计意向的程序描述
基于程序描述的设计意向
设计意向深化
形体生成

3. 细部节点设计
加工方式
材料特性
节点设计

1. 建筑构件加工
制订材料预算和购买材料
利用学校现有设备进行加工

2. 建造
构件编号
建造工序制订
现场搭建

校园数字化搭建 2014

Digital Design and Fabrication on Campus 2014

指导老师：童滋雨 / 钟华颖

Tutors：Tong Ziyu / Zhong Huaying

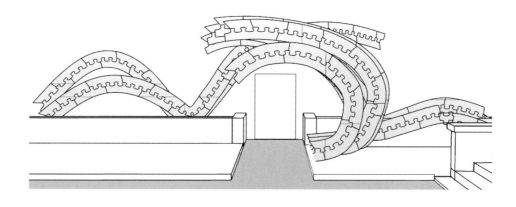

课题内容

　　校园数字化搭建

设计内容

　　南京大学拟在校园内选择某处闲置的场地或室外台阶搭建一个具有使用功能的构筑物，如休息亭、车棚、雨棚等，要求使用数字化设计和建造手段，在满足使用需求的同时，丰富校园景观环境。设定构筑物的使用功能，并顺应环境的要求。同时，构筑物被分为 A、B 两部分，应用不同的设计参数、算法和构筑方式，两部分延伸相交为一个整体。最后利用数控加工手段，完成1：1 原型的建造。

　　1. 基地：用地位于校园内某处坡地或台地、台阶。

　　2. 功能：服务校园生活。

　　3. 类型：A、B 两组遮盖物具有不同形态，同时交汇融合为一个整体。

　　4. 材料：满足预算和现有加工条件的限制。

　　5. 建造：满足自行搭建的要求。

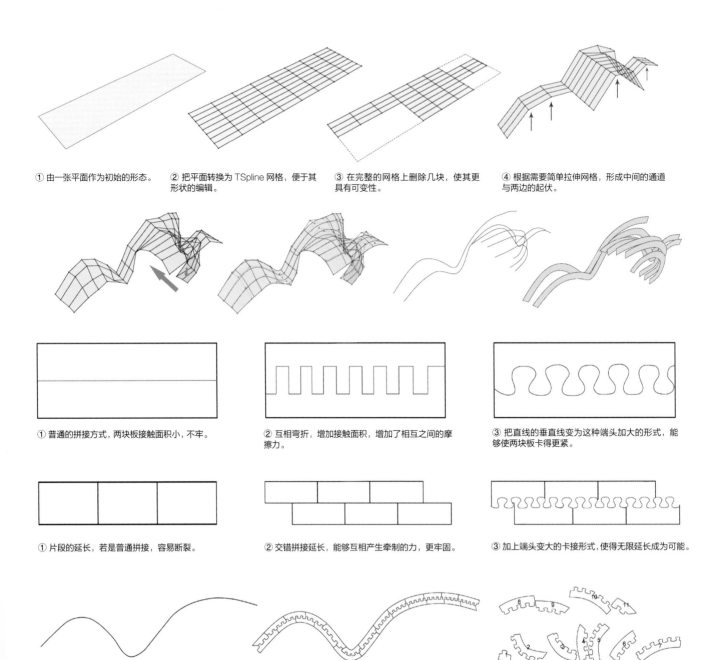

① 由一张平面作为初始的形态。

② 把平面转换为 TSpline 网格，便于其形状的编辑。

③ 在完整的网格上删除几块，使其更具有可变性。

④ 根据需要简单拉伸网格，形成中间的通道与两边的起伏。

① 普通的拼接方式，两块板接触面积小，不牢。

② 互相弯折，增加接触面积，增加了相互之间的摩擦力。

③ 把直线的垂直线变为这种端头加大的形式，能够使两块板卡得更紧。

① 片段的延长，若是普通拼接，容易断裂。

② 交错拼接延长，能够互相产生牵制的力，更牢固。

③ 加上端头变大的卡接形式，使得无限延长成为可能。

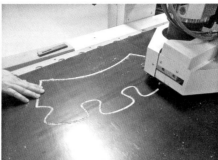

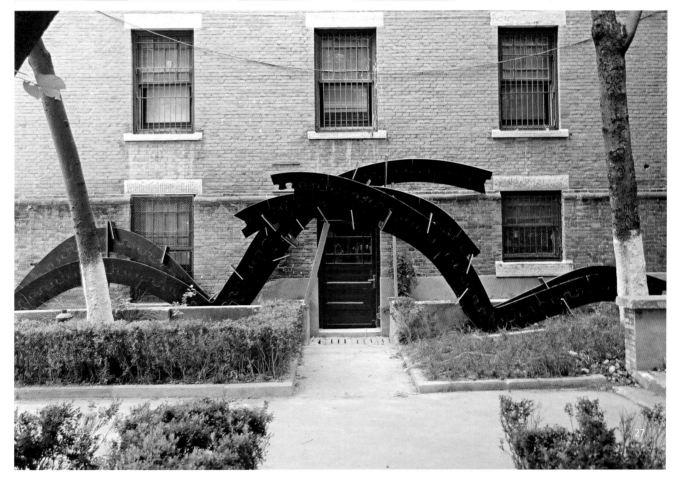

基于互承结构体系的数字化搭建 2015

Digital Design and Fabrication Based on Reciprocal Frame System 2015

指导老师：童滋雨

Tutor：Tong Ziyu

课题内容

基于互承结构体系的数字化搭建

研究主题

互承结构是一种构造独特的空间结构体系，其特点是每根构件都被相邻构件支承，同时自身又支承相邻构件，即构件之间以一种递推的方式相互支承，在几何上和结构上均无主次层次可言，形成一种富于韵律的建筑美感。互承结构通过构件之间的相互支承解决了荷载传递的问题，不仅构造简单，而且可以利用小尺寸构件实现大跨度结构。互承结构体系的这些特点使其在建筑设计中具有特殊的意义和价值。

教学内容

本设计拟在校园内选择某处闲置的场地，搭建一个具有一定跨度的构筑物，如休息亭、车棚、雨棚等。设计要求基于互承结构，使用数字化手段进行模拟和受力验证，并最终完成全尺寸模型的搭建。

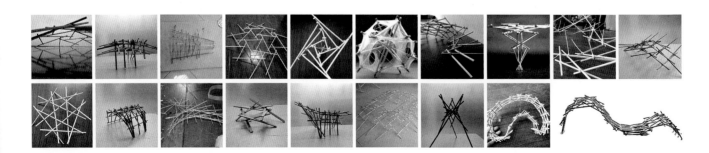

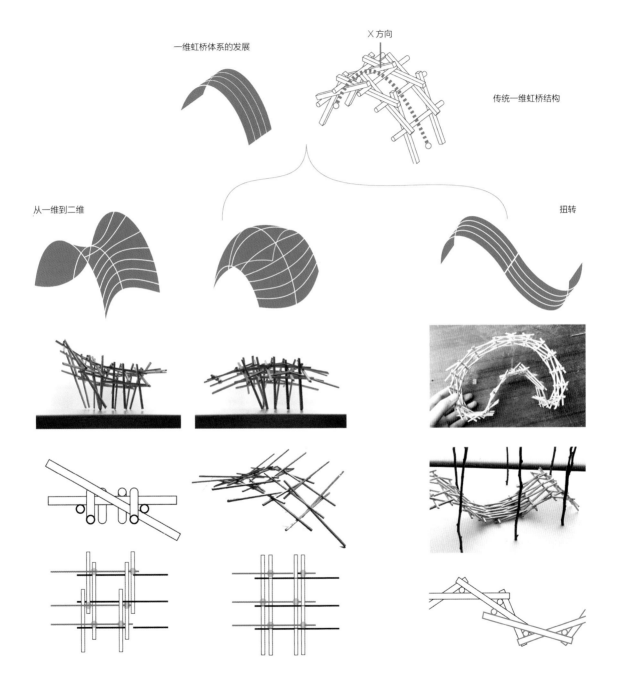

一维虹桥体系的发展

X 方向

传统一维虹桥结构

从一维到二维

扭转

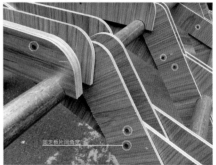

基于张拉整体结构的数字化搭建 2015

Digital Design and Fabrication Based on Tensegrity System 2015

指导老师：钟华颖

Tutor: Zhong Huaying

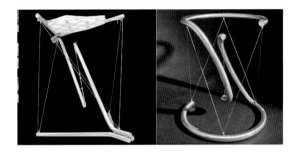

课题内容

    基于张拉整体结构的数字化搭建

研究主题

    富勒 (R. B. Fuller) 发明的张拉整体结构，是一组不连续的受压构件与一套连续的受拉单元组成的自支承、自应力的空间网格结构。这一结构系统最大限度地利用了材料和截面的特性，用最少的材料营造了最大的跨度和空间。传统的张拉整体结构受压的刚性杆位于系统中央，占据了使用空间，长期以来较少用于建筑设计，多用于桥梁、雕塑。改进的张拉整体结构将结构杆与索置于周边，围合出使用空间，具有了应用于建筑设计的可能性。本次设计旨在探索这一系统的建筑应用。

教学内容

    本设计拟在校园内选择某处闲置的场地，搭建一个具有一定使用空间的构筑物，如休息亭、车棚、雨棚等。设计要求基于张拉整体结构，使用数字化手段设计结构形态及外围护系统，并最终完成全尺寸模型的搭建。

模型验证

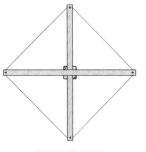

前期验证模型顶视图

前期验证模型前视图

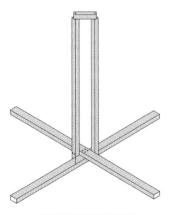

前期验证模型压杆轴测图

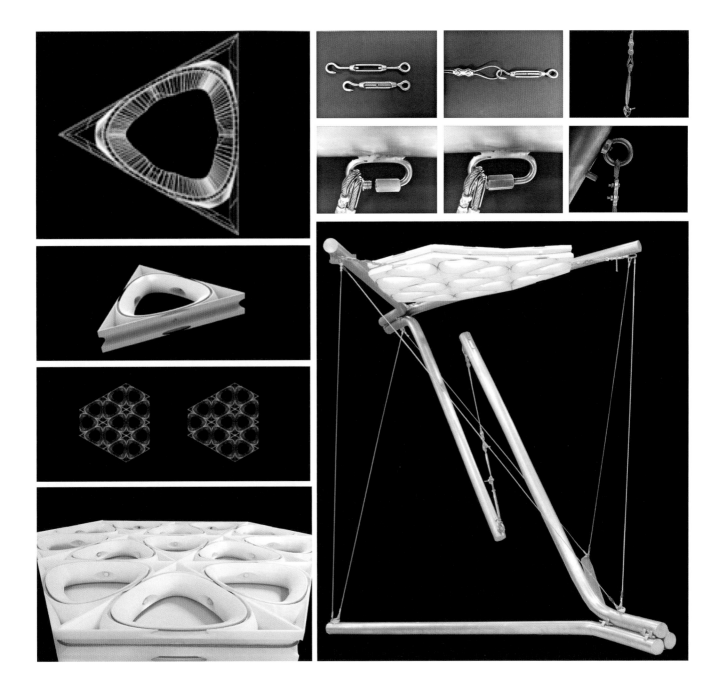

机器人技术在数字化设计和建造中的应用 2016

Application of Robotics in Digitization Design and Construction 2016

指导老师：童滋雨

Tutor: Tong Ziyu

课题内容

机器人技术在数字化设计和建造中的应用

教学目标

建造一段长 5 m、高 2.5 m 的墙体，不用胶水，以标准大小的木砖直接搭接而成。

要求和限定

1. 墙体的设计需在 Rhino 和 Grasshopper 平台上进行，具有参数化设计特征。

2. 墙体的搭建需使用机器人设备。

成果

1. 图纸：内容包括设计墙体的平、立面图，生成程序的流程图，机器人设备的应用分析。

2. 模型：1:1 实物模型。

3. 研究文本：A4 幅面研究文本，内容包括设计逻辑解析、生成程序解读、机器人设备应用分析三个部分。设计逻辑解析是利用图示与文字对设计当中采取的各种规则进行分析说明，表明规则的合理性。生成程序解读是利用程序流程图，解释实现设计逻辑的计算机程序。机器人设备应用分析是对机器人在墙体搭建过程中的应用方法和实现策略的分析。

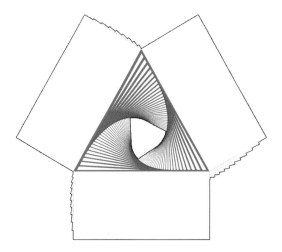

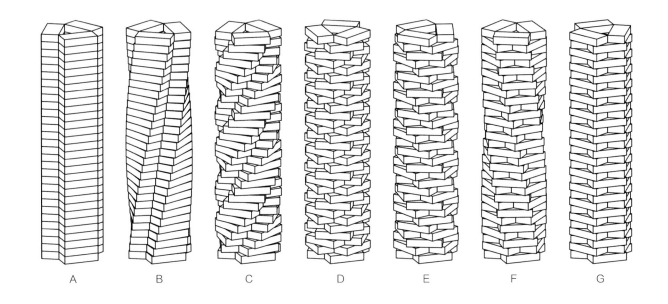

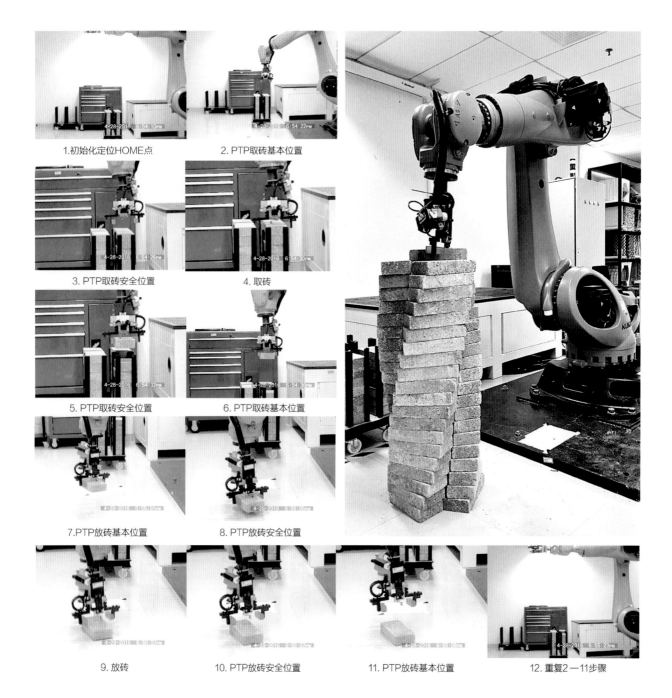

1.初始化定位HOME点

2. PTP取砖基本位置

3. PTP取砖安全位置

4. 取砖

5. PTP取砖安全位置

6. PTP取砖基本位置

7.PTP放砖基本位置

8. PTP放砖安全位置

9. 放砖

10. PTP放砖安全位置

11. PTP放砖基本位置

12. 重复2—11步骤

弹性三维打印坐凳设计 2016

Design of Elastic 3D Printed Stool 2016

指导老师：钟华颖

Tutor：Zhong Huaying

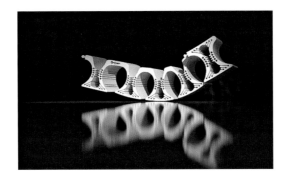

课题内容

弹性三维打印坐凳设计

课题介绍

今年的课程题目是弹性三维打印坐凳设计。依托学院最新的硬件条件，加工设备限定为三维打印机。将弹性三维打印作为研究对象是为了扭转三维打印仅用于复杂造型的认识，由仅关注形式转向材料性能，探索三维打印应用的可能性。坐凳则是以一个人体尺度的功能载体，串联本科阶段设计课所学基础知识。通过以上三个方面的限定，规范学生思考的方向和范围，尽快找到研究问题，展开设计研究。

毕业设计的最终成果，基本实现了预期目标，打印出的坐凳原型可以承受人体重量，弹性变形提高了舒适度，验证了利用三维打印塑形方便的特性，可以通过合理的整体铸形获得一种不同于材料固有特性的新性能。设计成果参加了三维打印设计竞赛，参与申报双创成果展，体现了设计教学与科技创新相结合的教学发展新趋势。

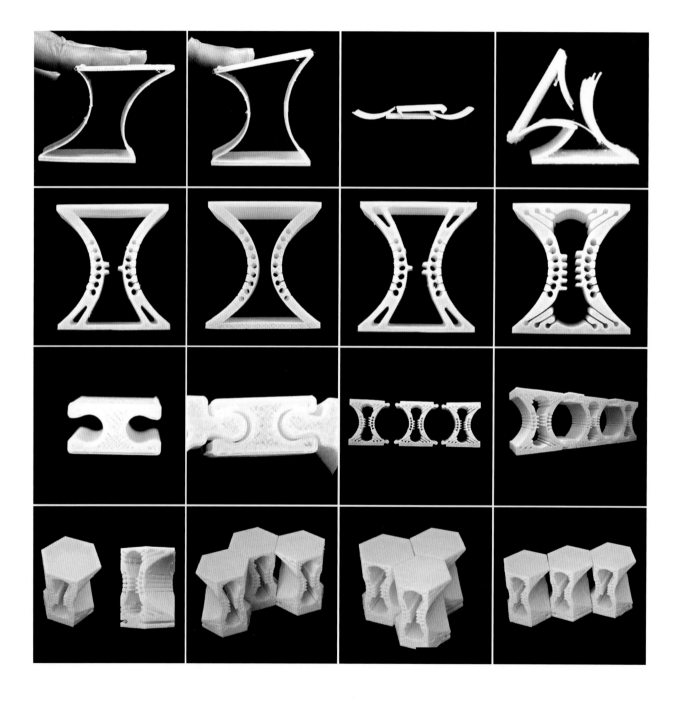

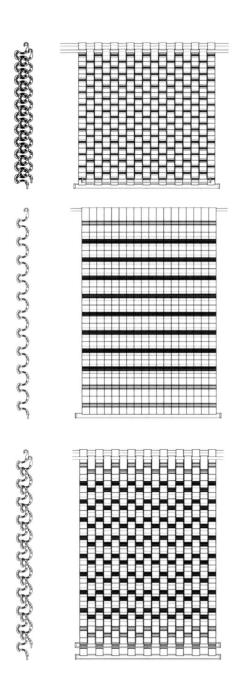

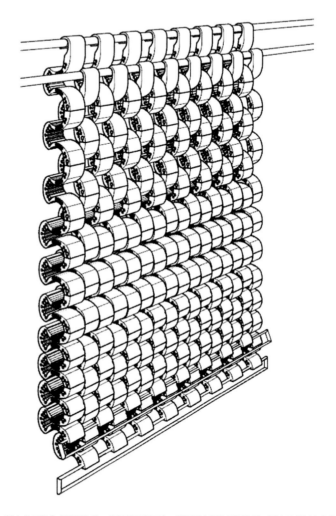

基本单元组合成遮阳构件，将其拉下并固定，能起到良好的遮阳效果，而由于材料本身的特性，也能透过柔和的光线。在需要一定光线时可以将构件交错排列，达到类似百叶窗的效果。

数字化设计与建造 2017

Digital Design and Construction 2017

指导老师：吉国华
Tutor：Ji Guohua

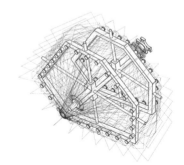

当今，数字化设计与建造相关教学与研究的大规模开展给当代建筑学带来了诸多较有意义的探索，主要体现在两个方面：一方面，它扩大了建筑从设计到建造的创作路径与实现手段，促使两者互相关联和高度整合；另一方面，它充分显示了建造之于设计所充当的限定与创造的双重角色，能为常规技术、新技术以及新材料等不同制约条件之下的建筑设计带来更多可能性。在这一背景下，2017 年南京大学建筑学毕业设计教学更加注重建筑数字技术下设计建造自身具有的关联性，强调如何用建造的逻辑表达设计的理念。

自 2012 年起，南京大学建筑学的本科毕业设计一直在探索数字化设计与建造的教学研究，并开展了一系列专题化的教学实践，包括研究参数化生成结构形态的张拉整体结构与互承结构专题，探讨不同数控建造工具应用的数控机床（CNC）、3D 打印与机械臂建造等专题。在此基础上，2017 年南京大学建筑学本科毕业设计的数字化教学则尝试不再限制某种设计主题或数控建造工具，而是回归

到建造这一建筑学的基本命题，强调从数字化的角度认知与建造实践相关的基本知识，让学生在灵活运用新的数字化工具进行设计的基础上，将设计重点放在建造合理性引导的空间形式和建构形式上，从而将建造作为数字化设计建构的一种出发点。

本次课程以"休息亭"为题，要求参与的 9 位同学自由寻找校园内的一块场地，放置与场所契合的 3m×3m×3m 的构筑物，并规定每位同学须单独完成相关的阶段作业及最终实物搭建，以体验和完成从数字化设计到数字化建造的全过程。整个课程以讨论为教学手段，以模型为研究媒介，希望在形式生成与建造验证这一往复的过程中，引导学生逐步形成关联设计与建造过程的协同思维模式，以建立寻求物质逻辑合理性的主动思考。

整个教学以建造为核心展开，主要包含前后连接的三个训练环节：（1）从设计到建造层面对案例进行分析与模拟，引导学生体会形体生成与建造逻辑之间的内在关联，提炼案例的建造原型；（2）基于场地调研，学生以 1：10

比例的模型作为建造验证的媒介，完成从建造原型到数字化表达的设计研究；（3）基于真实材料的实践操作，完成 1：1 比例的数控加工与实体搭建。在这三个环节中，前一个环节的结果可作为后一个环节的输入，这样有助于引导学生循序渐进地掌握数字化设计与建造之间的转换，并在各个阶段探讨相应的建造问题。

本课程第一阶段的训练核心是通过案例的学习重新审视数字技术，发现数字化设计与建造之间隐藏的关联性。基于以往的教学经验，该阶段直接让学生对所选案例进行综合的分析与学习，因此有别于首先以数字化软件知识讲解开始的常规授课模式。它不仅要求学生在分析案例形体的生成逻辑后在计算机中实现，同时要求学生通过 1：10 比例的模型搭建，提炼案例的建造原型，以理解设计与建造之间的关联性。这一阶段的目的在于帮助学生初步掌握数字化设计的相关思维方式，重点是引导学生建立设计—建造两者之间的互动思维。此外，针对学生并未深入接触过数字化设计及相关工具这一背景，该阶段可以帮助学生掌握编程原理、几何工具、算法机制等数字化设计基础原理。

本课程第二阶段的训练核心是基于设计与建造关联性的设计研究，它要求学生面对实际场地，基于建造原型，把材料、节点、力学逻辑等作为设计的出发点，并考虑如场地、功能、空间等典型的建筑设计限定要求，创造出新的数字化方案。这一阶段中，如何强调与贯彻建造这一核心概念是关键问题。因此，本课程在要求学生进行形体设

计的同时，还需要他们基于 1：10 比例的模型推敲来完善解决方案。这种研究既包括对材料、结构、构造的自身合理性研究，也包括对它们所能产生的设计表现力研究。因而在研究过程中，学生既要设计又要建造：在设计的时候，除了进行形体生成的数字化设计，同时需要思考这一特定形式如何进行物质构建，并不断通过模型来验证建造的合理性；而在模型验证的时候，又要通过材料操作与节点设计，思考这一特定建造逻辑赋予形式表达的可能性，从而对设计进行反馈并完善。

本课程第三阶段的训练核心是实体搭建，基于物质性的操作与体验，进一步加深学生对形式生成逻辑的认知、对建造原型的理解以及对构造的精准把控。这一阶段分为三个步骤。（1）节点试做，通过 1：4 比例节点的实体搭建以对建造进行深入研究与改进，重点是让学生直面材料，尽管设计研究阶段已初步确定材料类型及其节点，但当比例由 1：10 变至 1：4 时，这一改变意味着仍需对材料性能与建造方法进行探索。（2）1：4 比例的整体搭建，目的是让学生以此验证设计的整体建造性能。（3）1：1 比例的实际搭建，学生通过对材料的机械加工与手工操作，在切身体验中得以解决真实的建造问题，这使得设计在建造过程中得以延续，而不再仅仅是一种绘图技能的训练。在这一过程中，学生对待材料的加工方式、节点设计、搭建顺序等设计思考均会反映到建筑形体的外在表达上，并更为直观。

本课程的教学实验显示了建造作为数字化设计教学目

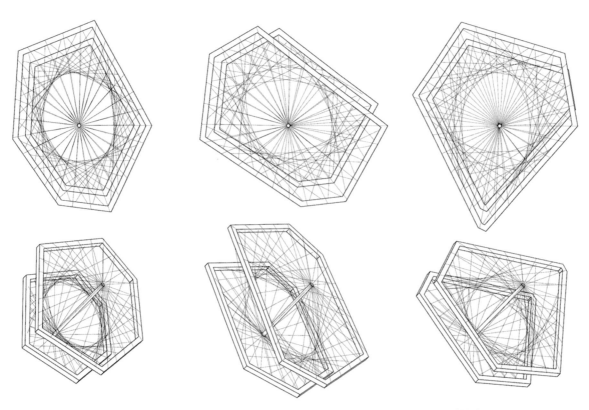

同样点数和周期，不同形态单元编织

标的巨大潜力，它能以更加具体、高效的方式让我们直面数字技术引发的设计思维转变，其不仅仅体现于形式生成的逻辑方法，更在于建筑学正走向设计与建造的体系整合。本课程同样显示了数字建造可以很好地结合对建筑本体问题的思考，而这一思考的结果反过来也促进了建筑形式的感知与设计能力的培养。与此同时，尽管此次教学设定以建造原型作为设计研究的起点，试图引导学生将注意力集中在设计与建造之间的关系上，但在对建造原型这一概念相对陌生的情形下，随着形式复杂度的逐渐提高，学生还是更容易陷入对形式美学的追求，而忽略了建造方面的问题，从而导致形式逻辑和构造合理两者的不一致。因此，如何在数字化设计过程中贯彻建造原型的问题仍有待在未来继续研讨与改进。

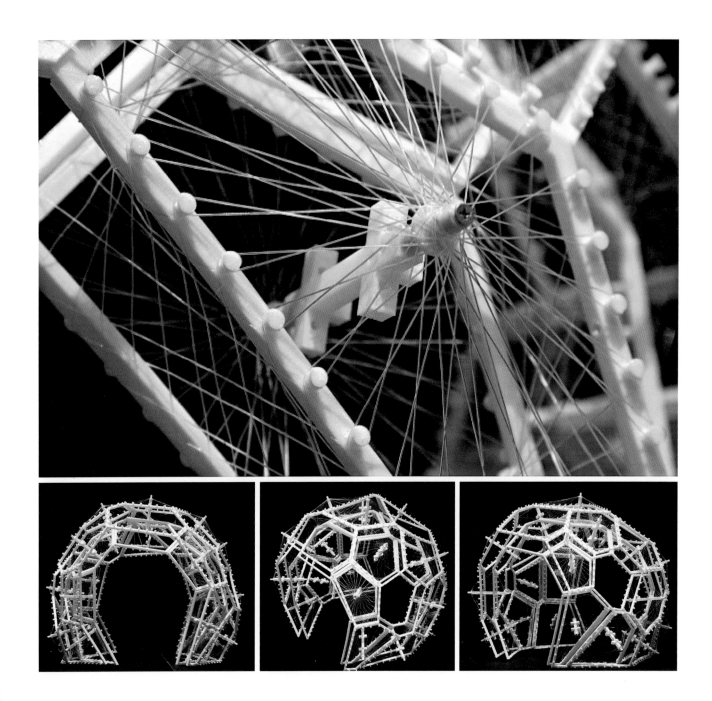

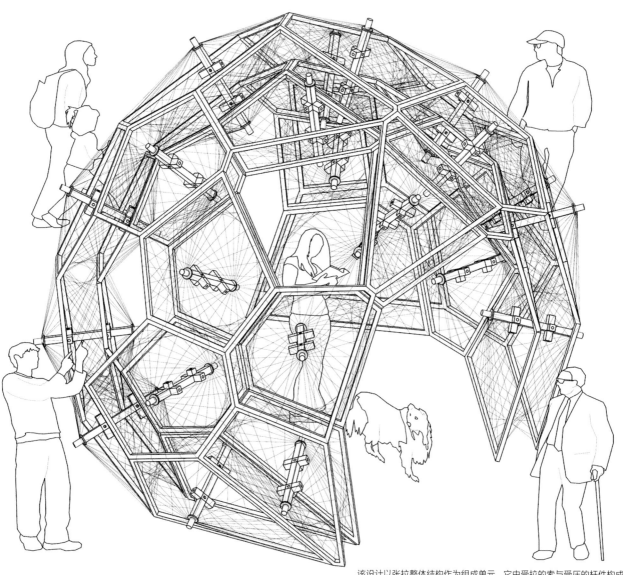

该设计以张拉整体结构作为组成单元，它由受拉的索与受压的杆件构成，最终
希望通过机械臂编织受拉索而达到单元与整体的结构稳定。

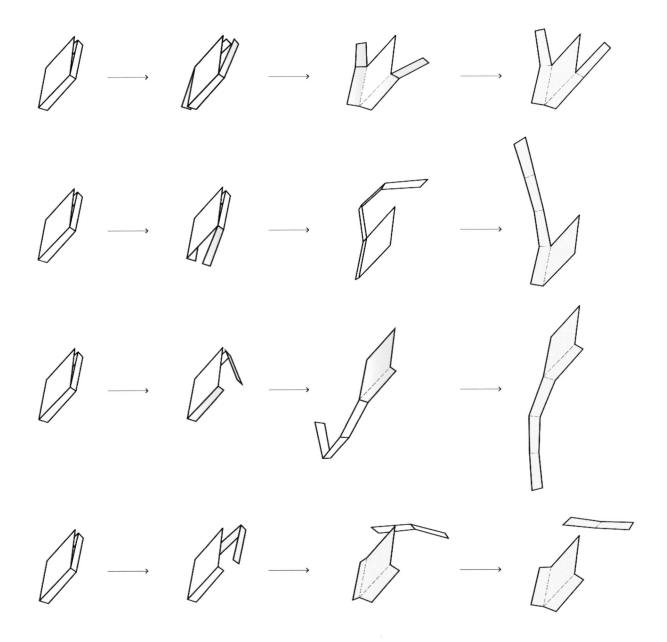

该设计通过树木的相对位置建立参数化关系，并利
用 Kangraoo 软件生成符合受力要求的壳体形式。

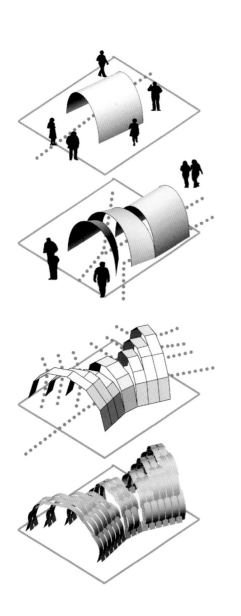

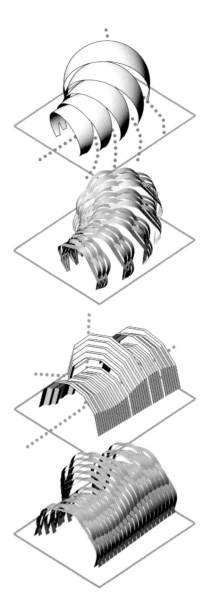

该设计利用弹性线方程，对构筑物形体进行了计算性生成，从而使弹性
材料的预制弯曲成为可能。

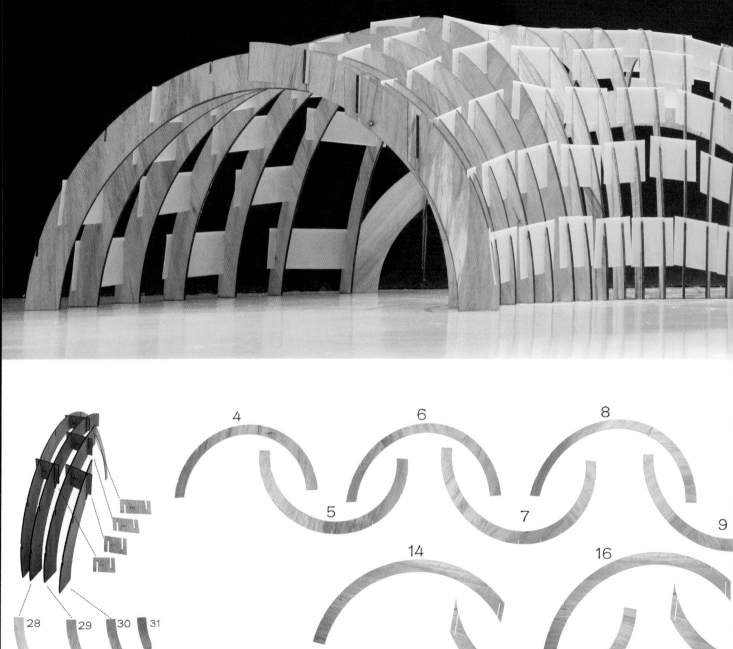

28 29 30 31

4 5 6 7 8 9

14 15 16 17

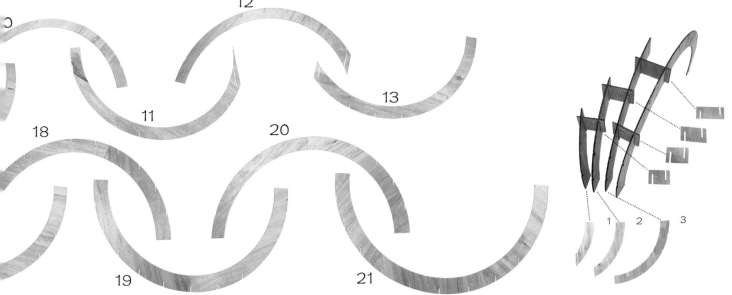

基于可变密度构件的三维打印亭设计 2018

3D Printed Pavilion Design Based on Variable Density Component 2018

指导老师：钟华颖

Tutor：Zhong Huaying

课题内容

  基于可变密度构件的三维打印亭设计

教学内容

  本课程为三维打印建筑的设计技术应用研究。三维打印技术正在向建筑领域延伸，加工用于实际建造的建筑构件。课程探讨如何在设计的前期，针对三维打印的材料特性、加工方式，提出针对性的设计方法，加工满足结构受力与建筑效果要求的构件。课程内容以三维打印亭为题，利用数字设计找形技术寻求优化的建筑形态，利用几何细分生成建筑构件，再用可变密度三维打印技术对构件进行优化，获得适应整体建筑形态及受力要求的建筑构件。课程计划 15 周，分为基础技术学习、设计、加工建造、成果表达四个阶段。

教学目标

  学习自由曲面建模、编程技术等参数化设计技术，完成课程作业要求的模型建模及程序编写。了解和掌握三维打印机等数控加工设备，完成一个三维打印实验构件。由整体形态细分确定单元构件形态尺寸及连接构造。生成适应受力要求的单元内部支撑结构，以不同打印密度平衡受力与透明度等设计要求。最终，每位组员完成一套设计成果及典型构件单元打印模型。优选一项设计共同完成 1/2 比例大小实物模型。

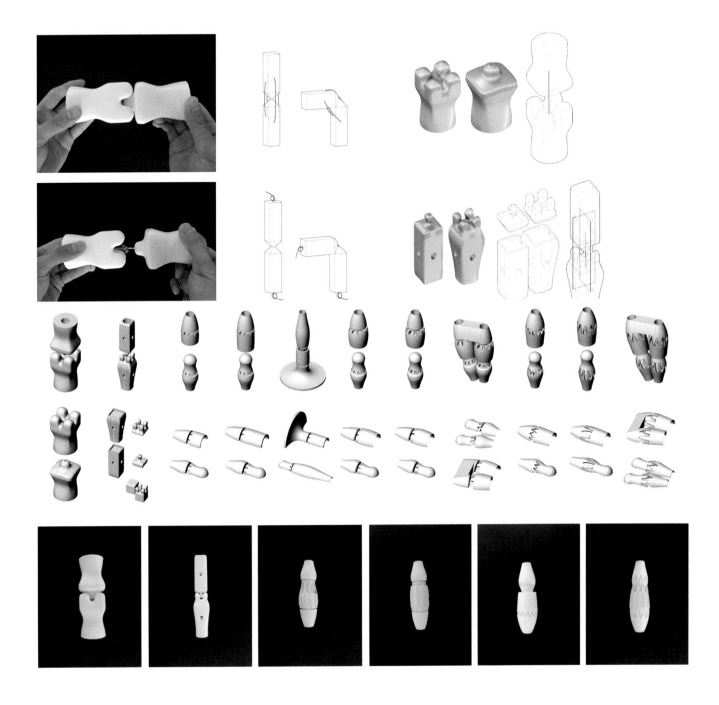

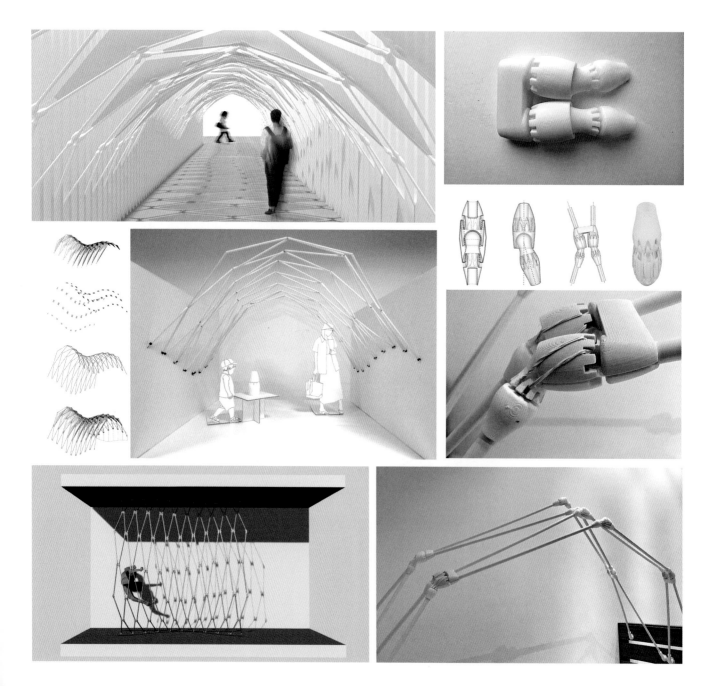

基于规则和算法的设计和搭建 2019

Design and Construction Based on Rules and Algorithms 2019

指导老师：童滋雨

Tutor：Tong Ziyu

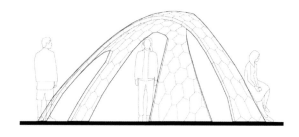

课题内容

基于规则和算法的设计和搭建

教学内容

本课程聚焦于设计过程中的规则提取和算法应用，结合参数变量的设置，生成更有趣且合理的设计成果。在此过程中，设计的功能、形态乃至结构都可以是规则提取的目标。而相对于形式本身，我们更关注其潜在规则和算法的科学性。设计包括空间结构体的几何规则生成、参数化生成设计方法和设计算法等。另外，数字化加工技术的发展更增加了加工和建造的多样性，也为复杂建筑形体的实现提供了可能。目前可以使用的工具包括木工雕刻机、三维打印机和机器人系统。

教学目标

本课程初步设定是设计一个具有一定跨度和高度的构筑物，能够容纳 5 人左右的活动空间。要求空间适宜，结构合理，形体的生成应具有相应的几何规则和算法，并通过数字化加工完成最终的模型搭建。

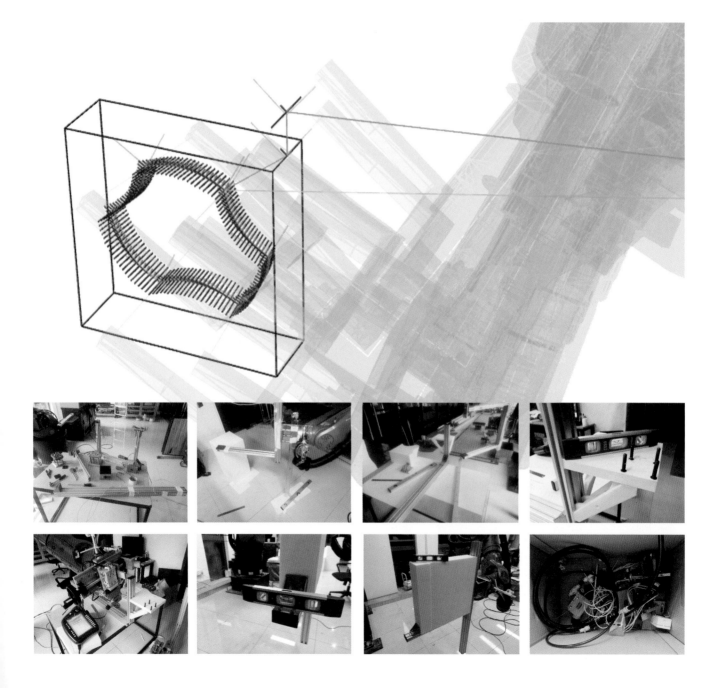

基于力学生形的数字化设计与建造 2020

Form Follows Force : Form-Finding of Structure 2020

指导老师：吉国华 / 李清朋
Tutors：Ji Guohua / Li Qingpeng

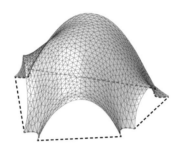

课题内容

基于力学生形的数字化设计与建造

教学目的

基于建筑数字化技术，本毕业设计涵盖案例分析、设计研究以及建造实践三个部分，建立基于力学生形的设计方法，解决数字化设计与实际建造的真实问题，完成从形态设计到数字化建造的全过程。整个课程以结构性能为形态设计的出发点，协同思考形式美学与建造逻辑的关系，培养学生在建筑设计阶段主动考虑结构逻辑的能力，在建筑形式创新和结构逻辑之间寻求统一。

题目简述

"建筑与结构的关系"是建筑学与建筑设计中最基本、最核心的问题之一。建筑与结构在空间的围合、形体的构筑、形象的塑造等三个方面具有密不可分的关系。从力的感知到受力体系的选择，从结构骨架的支撑到空间形态的实现，从空间形态到建筑作为人类生活空间的容器，基于力学原理的形态设计为建筑空间的设计提供了一个有力的切入点，大大延伸了建筑与结构协同的操作范围，同时也提供了一个完成从设计到建造的起点。

本课题以"基于力学生形的数字化设计与建造"为主题，要求学生在学校自选环境中设计一处用地面积 4m×4m，遮盖面积为 10 ㎡左右的建筑空间，以满足师生停留、休憩、交流的功能需求。课题通过实物模型制作来不断探索设计问题，用数字化的方法研究和解决问题，最终通过数控加工的方式来实现具有真实细节的构筑物。

1. 基于力学生形的木质薄壳结构

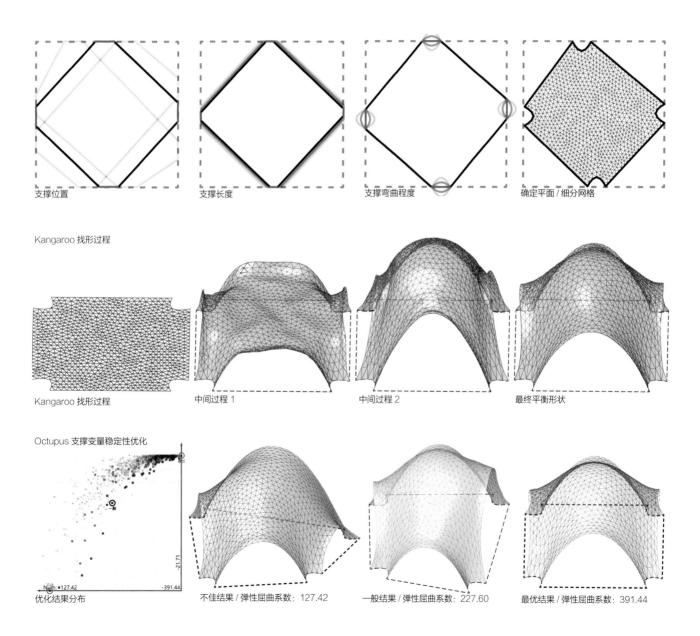

支撑位置　　　　支撑长度　　　　支撑弯曲程度　　　　确定平面 / 细分网格

Kangaroo 找形过程

Kangaroo 找形过程　　　中间过程 1　　　中间过程 2　　　最终平衡形状

Octupus 支撑变量稳定性优化

优化结果分布　　　不佳结果 / 弹性屈曲系数：127.42　　　一般结果 / 弹性屈曲系数：227.60　　　最优结果 / 弹性屈曲系数：391.44

2. 基于结构优化的木亭设计及其节点的机器人减材制造

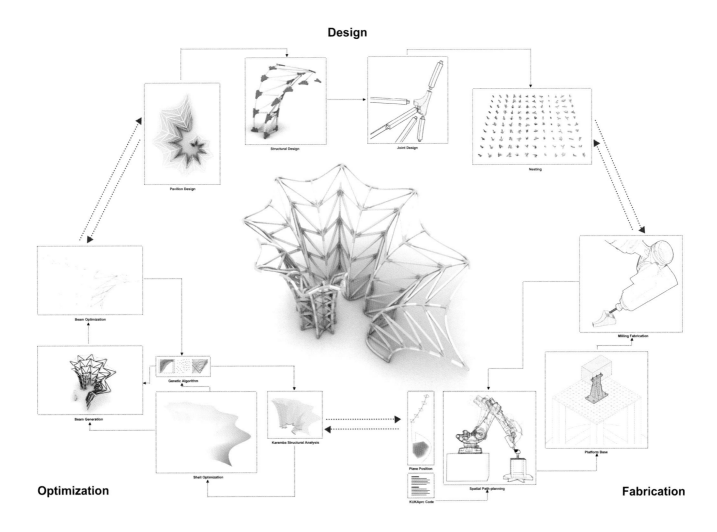

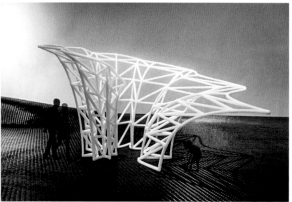

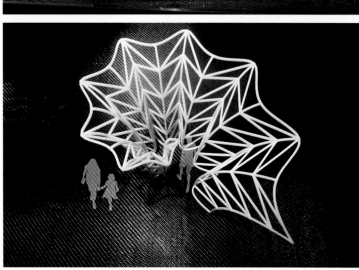

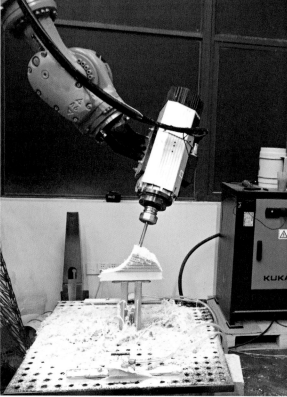

3. 基于力学生形的互承结构数字化设计建造

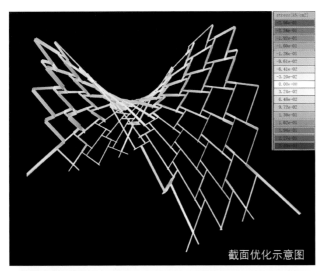

截面优化示意图

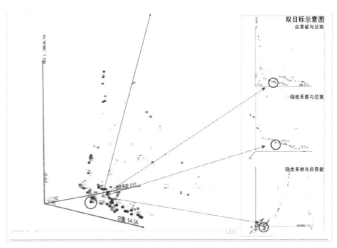

Octopus优化计算展示图

位移量　　　　　　　　　　　材料利用率　　　　　　　　　　弯矩分布

最终优化结果结构分析图

最终优化结果：
结构总重　　44.26kg
稳定系数　　82.5
应变势能　　0.318J
最大位移　　0.649cm

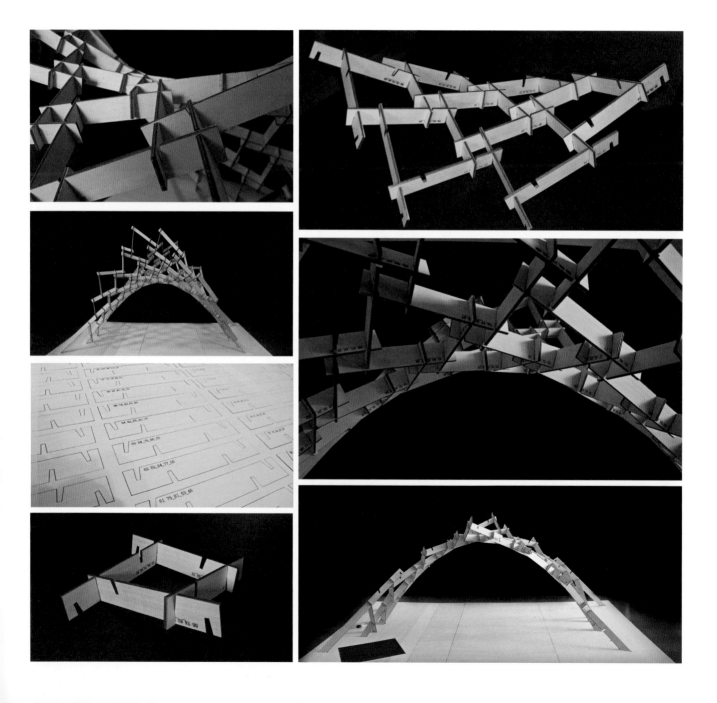

4. 基于曲面形态的折板结构凉亭设计

参数设置

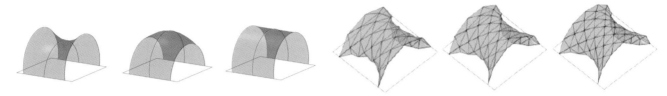

Octopus优化结果分布及选取

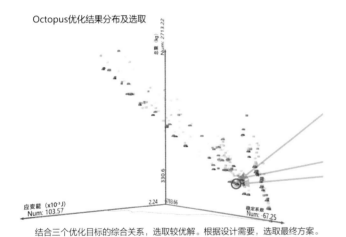

结合三个优化目标的综合关系，选取较优解。根据设计需要，选取最终方案。

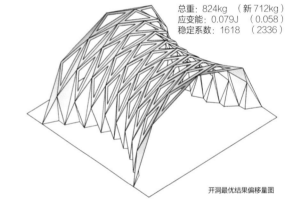

总重：824kg （新712kg）
应变能：0.079J （0.058）
稳定系数：1618 （2336）

开洞最优结果偏移量图

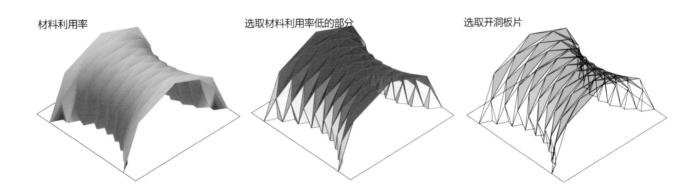

材料利用率   选取材料利用率低的部分   选取开洞板片

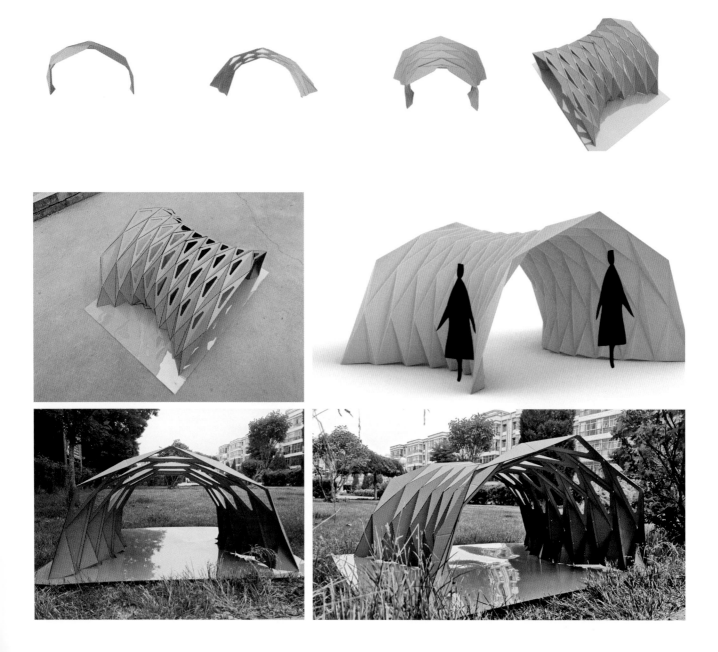

2. 工作营

量子点云

Quantum Point Cloud

指导老师：尼米·比洛克里亚 / 冯瀚 / 吉国华 / 童滋雨
Tutors：Nimish Biloria / Feng Han / Ji Guohua / Tong Ziyu

量子点云工作营（Quantum Point Cloud Workshop，简称 QPC Workshop）内容介绍

设计概念

Emergent Extremities 小组的方案遵循了QPC Workshop 严格的规则：制造的规格、建造的逻辑以及经费的使用（基于总经费的制约）。通过统一的计算方式，我们可以预见在实际条件制约下哪些形态是最优化的结果，以及是能够实施的。通过对一系列绘图目录的建立和分析，基于对三维曲线的描述以及各种曲线间叠加所呈现的空间类型的分类，我们可以寻找到一个合理的空间。在所有的结果中，我们可以选择出最合理的曲线用以衍生出 voronoi 组件的三维点云（通过对点云密度的控制），并依据具有功能的遮阳构件、柱子和座椅，设计得到不同的尺度。在最后选择的曲线里，我们在曲线转折弧度较大的地方生成了较小的模块，在曲线比较平滑的地方生成了较大的模块。

最终，我们导入模型并通过软件 processing 减少了总的模块数量并优化连接不同模块间面的数量，由此在最后的空间结果保留了原始曲线的信息的同时，进一步完善最终设计的形态。

国际合作

QPC Workshop 是由南京大学建筑与城市规划学院和荷兰代尔夫特理工大学 HyperBODY 研究组联合举办的。荷兰方带队老师为：Nimish Biloria（副教授，HyperBODY research manager) 和冯瀚 (HyperBODY 研究员，在读博士）。荷兰方共有 1 名交换博士生和 7 名研究生来到南京。南京大学方面由吉国华教授与童滋雨博士带队。共有 10 名南大的本科生和研究生注册加入本次工作营。QPC Workshop 全程为英语授课。

研究教学

QPC Workshop 的独特之处在于其研究导向性与教

学实际的紧密结合。QPC（量子点云）的概念起始于冯瀚研究员在 HyperBODY 研究组所进行的研究。此研究的目标设定为，在参数化设计的背景下，探讨设计者与设计程序之间的相互促进关系，从而更好地结合计算机技术的快速大规模量化能力以及设计者本身的设计修养和判断。基于此研究目的，我们准备了一系列设计辅助程序，在工作营中讲解并交付学生使用。由此，在教学实践中，学生有机会以全新的角度操作参数化设计，在学习掌握既有的参数化生成和优化两种思路之外，应用并体会以互动为基础的新的参数化设计手段和理念。

材料工艺

本次工作营采用 EPS 体块配合热线切割工艺。EPS 材料以轻质性、易于加工性、环保再利用性和保温性能，在欧洲先锋建筑实验中逐步得到重视和应用。针对 EPS 材料开发的数控热线切割机床，以及基于 EPS 材料的黏接剂、表面喷涂工艺（此次工作营采用真石漆进行表面喷涂）等的结合使用，给以低造价、快速搭建为要求的项目提供了方便的选择。在本次工作营中，学生深入了解并亲手实践了基于 EPS 材料和热线切割机综合使用的一整套设计、加工和建造方法。

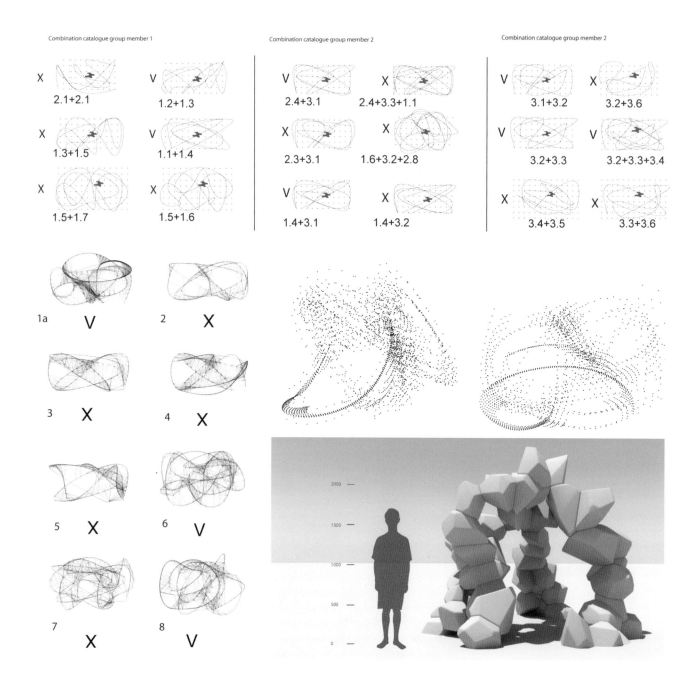

Combination catalogue group member 1

X 2.1+2.1

V 1.2+1.3

X 1.3+1.5

V 1.1+1.4

X 1.5+1.7

V 1.5+1.6

Combination catalogue group member 2

V 2.4+3.1

X 2.4+3.3+1.1

X 2.3+3.1

X 1.6+3.2+2.8

V 1.4+3.1

X 1.4+3.2

Combination catalogue group member 2

V 3.1+3.2

X 3.2+3.6

V 3.2+3.3

V 3.2+3.3+3.4

X 3.4+3.5

X 3.3+3.6

1a V

2 X

3 X

4 X

5 X

6 V

7 X

8 V

2000

1500

1000

500

0

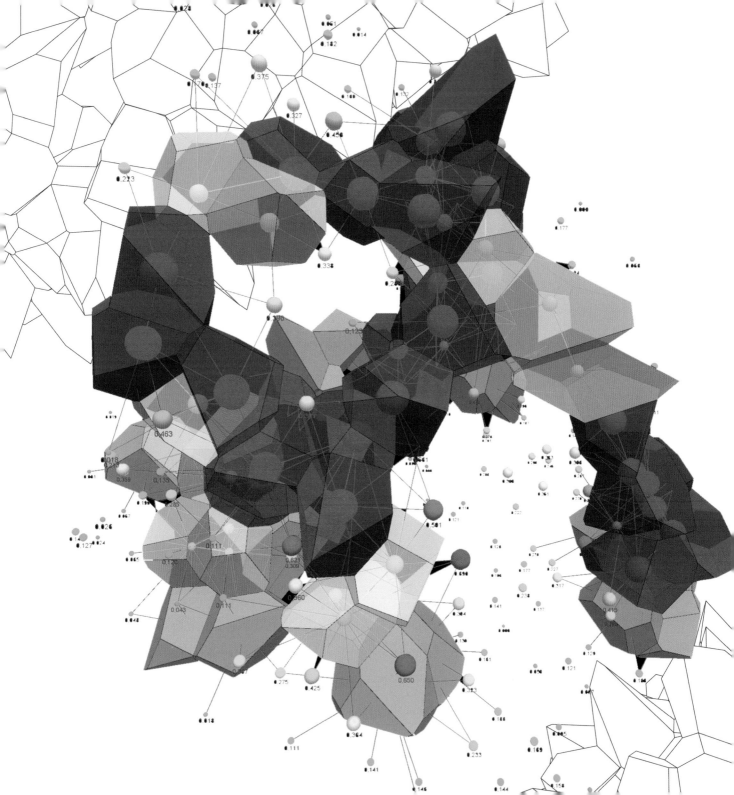

更轻的结构

How to Make Things Lighter

指导老师：阿尔贝托·普尼亚莱 / 索菲亚·科拉贝拉 / 童滋雨
Tutors：Alberto Pugnale / Sofia Colabella / Tong Ziyu

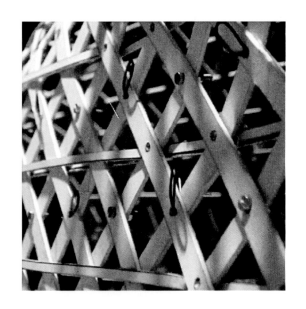

　　本设计工作营关注格网壳体的参数化设计、找形、优化和建造。设计强调材料、结构和形式的完整结合。其中，双曲面是设计的几何基础，通过找形步骤确定格网壳体的形体，并利用 Karamba 对形体的受力进行模拟计算和优化。

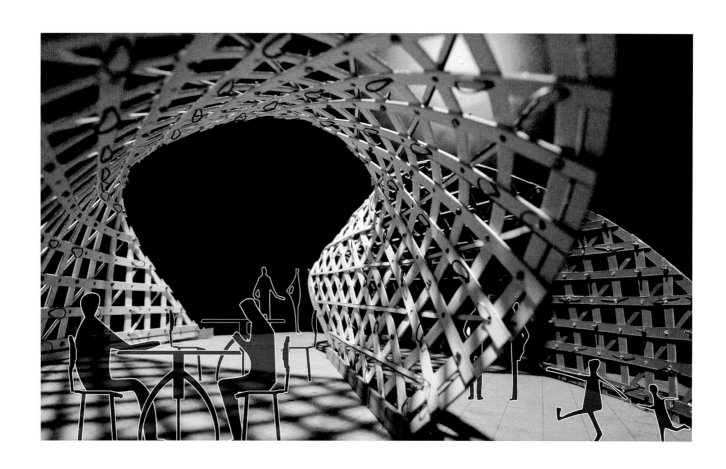

 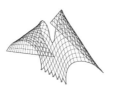 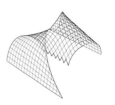 

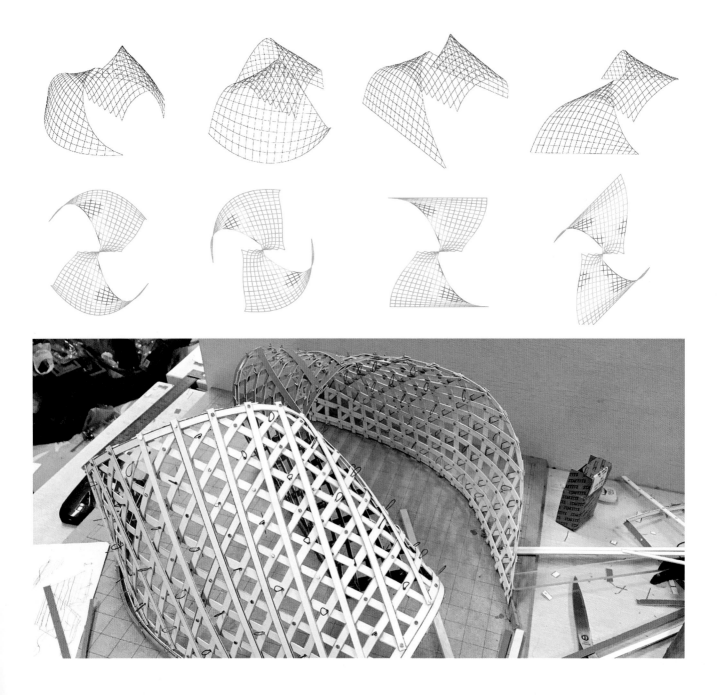

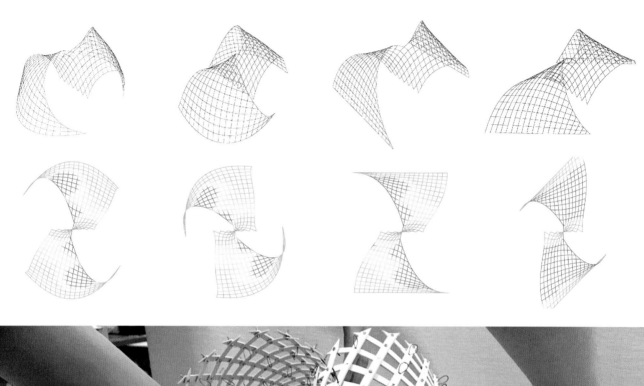

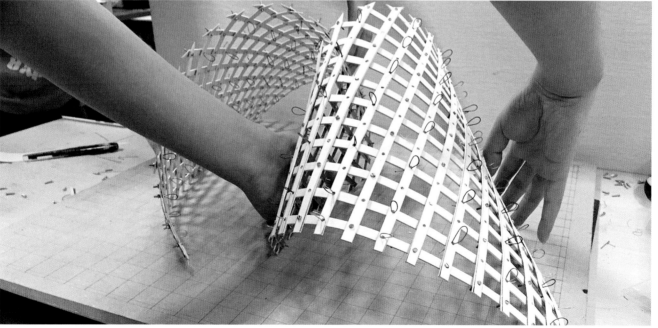

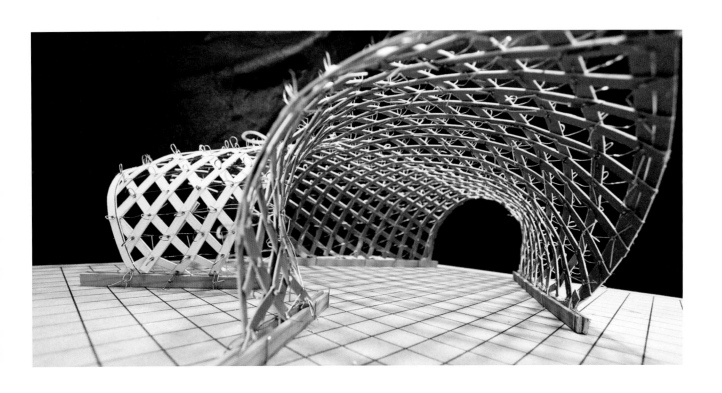

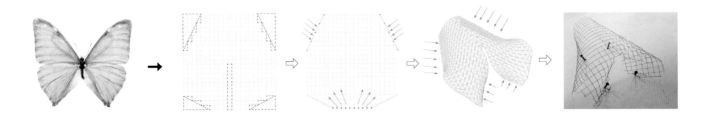

Gene 100

ISO VIEW WITH DISPLACEMENT

Displacement Legend

■ <1cm	■ 2~3cm	■ >4cm
1~2cm	3~4cm	

Fitness: Displacement (cm)

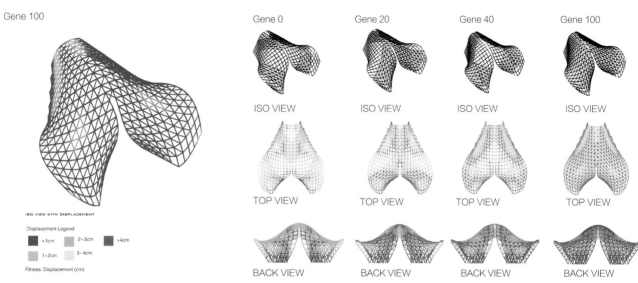

Gene 0   Gene 20   Gene 40   Gene 100

ISO VIEW   ISO VIEW   ISO VIEW   ISO VIEW

TOP VIEW   TOP VIEW   TOP VIEW   TOP VIEW

BACK VIEW   BACK VIEW   BACK VIEW   BACK VIEW

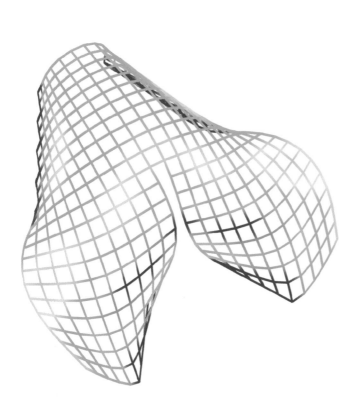

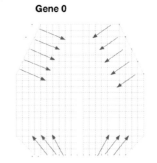

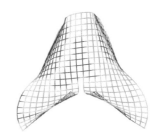

TOP VIEW

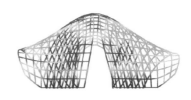

BACK VIEW

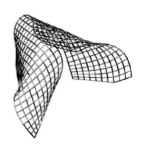

■ <1cm	■ 2~3cm	■ >4cm
■ 1~2cm	■ 3~4cm	

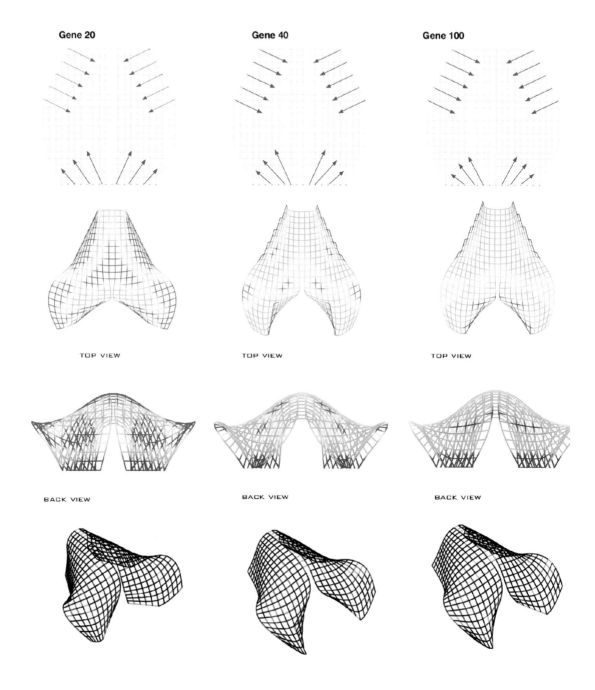

Gene 20   Gene 40   Gene 100

TOP VIEW   TOP VIEW   TOP VIEW

BACK VIEW   BACK VIEW   BACK VIEW

DADA 2017 国际工作坊

2017 Digital Architecture Design Association International Workshop

时间：2017年9月3日-9日

地点：南京大学建筑与城市规划学院

第一组：

人机协同数字建造控制系统

　　领衔指导：东京大学 小渕祐介教授

　　助教：孟宪川、杨鼐、陈小可

　　成员：杨泽宇、杨华武、刘晨、李嘉康、胡哲、胡蝶、邱嘉玥、迟铄雯、田亦秾、李昊、荣志毅

　　工作坊在"人机建造系统"（Human + Machine Fabrication System）的研究议题下探索人与机械协同的数字建造方法。参与者并非传统意义上的机械控制者，而是建造过程的有机组成部分。工作坊通过二维码与三维参照系统引导参与者完成相应的建造实验。同时也利用智能手机与便携式电脑帮助参与者理解周边环境特征，并通过虚拟与现实对象，激发参与者将身体转变为精密的建造工具的创想。

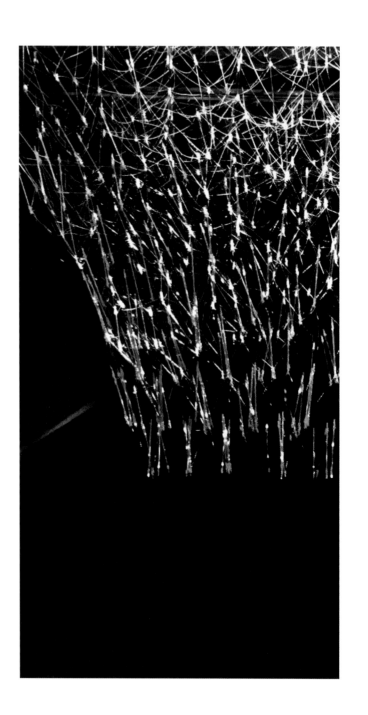

第二组：

互动巢群

    领衔指导：清华大学 徐卫国教授

    助教：罗丹、王靖淞

    成员：张彤、李舒阳、杨肇伦、蒋造时、宫传佳、耿蒙蒙、梅凯强、梁晓蕊、李子璇、曹舒琪、朴星宇

    互动（Interactive）是人、建筑、环境之间的对话，在建筑中设置互动系统可以使原本静态的形体具有动态性能，从而实现上述三者的积极作用，创造充满生机的生存场所。巢群（Swarm Nest）是一种不规则多面体的集群空间形态，这种形态借鉴了准晶体空间结构特征，并在此基础上进行形体优化，发展成为装置的静态载体。互动巢群作品包括了不规则多面体集群复杂形体，以及具有动态性能的互动系统。这一工作坊旨在培养学生对互动系统的理解、设计和组织能力，以及对复杂形体的空间理解和建构能力。

第三组：

超薄板材空间结构

　　领衔指导：同济大学 袁烽教授 & 王祥博士后

　　助教：王祥、郭喆、金晋磎

　　成员：董素宏、李雅、朱鼎祥、王秋锐、任政行、王端、张馨元、黄陈瑶、戚迹、陈妍、常雪石、李瑞彬

　　基于超薄工业板材的空间建构是当今轻量化结构研究和材料性能化建构研究中的新课题。本组从材料、结构体系和成形技术等方面讲解基于工业板材的空间结构中的主要设计因素，包括：（1）基于可展曲面几何特征的空间曲面结构的结构细分和优化设计；（2）基于工业板材数字化成形技术的结构形式优化和节点设计方法；（3）基于薄板体系力学行为的结构优化设计，以及通过结构几何形式增加结构刚度及局部稳定性的方法。

第四组：

神经元

　　领衔指导：东南大学 李飚教授 & 华好、唐芃副教授

　　助教：王嘉诚、梅琳丽、刘宁琳、郭翰宸、李鸿渐

　　成员：陈硕、刘上、莫怡晨、文涵、吴帆、熊攀、徐沙、王浩哲、谢江涛

　　Neuron 程序生成与机械手建造：利用编程方法，兼顾美学与力学的需求，创造表面形式复杂的拱形。设计灵感来源于神经元（neuron）：单元块（神经细胞）之间通过各自相连的分支（突触）传递压力。单元块采用了类似神经细胞的形态，使整个构筑物较为轻盈。该项目利用悬链线的自组织原理生成基本形，能够在没有任何额外连接的情况下得以自支撑，单元体的几何形态和加工数据由 Java 程序输出，实现了从设计到加工的完整的数字链。

第五组：

基于 3D 打印节点的数字空间膜结构装置

领衔指导：南京艺术学院 徐炯副教授

助教：赵阳臣、董昌恒、张颖

成员：付伟佳、徐依依、马耀、周娴、聂柏慧、赵天翔

装置设计作为数字教学与数字研究的一个重要手段，在当下普遍受到设计实践者与学术研究者的重视。基于 3D 打印节点与 TPU 膜的数字装置工作坊研究内容包括以下几点：（1）探索拓扑曲面生形的基本方法与策略；（2）研究物理模拟技术实现细分优化曲面结构体系；（3）尝试 3D 打印技术在复杂性节点上的制作优势；（4）通过单元组件按序拼接与组装实现装置移动性、临时性的空间特质；（5）基于材料性能创作富有空间建构逻辑又融入艺术审美的空间装置。

数字技术：可快速搭建的木构亭设计
Digital Technology: Easy-to-Assemble Interlocking Timber Pavilion Design

指导老师：马库斯·哈德特 / 孟宪川
Tutors: Markus Hudertr / Meng Xianchuan

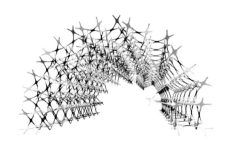

本课程探讨数码工具在非传统建筑结构和材料系统的设计和制造中的应用前景。该体系中的结构性能和空间质量特别有意思。学生将运用在本课程学到的知识，设计一个临时的展馆，并在南京大学校园内进行制作和组装。本课程适合计算程序设计的初学者，它将传授参数设计、材料计算和数字制造等基础理论。

课程第一周介绍数字设计和加减制造技术的基础理论，会同时涉及理论和实践两个方面。学生们在每次半天的讲习班上，将学习素描、绘图以及实物和数字模型，了解基本的装配策略和构造系统以及它们的结构和空间质量。学生在学习这些模拟和数字课程后，将可单独或两人一组制订一个设计方案。课程第二周，学生将改进他们的设计方案，并准备其材料等待中期检查。检查将于星期四下午进行。我们将挑选出一个设计方案，作为整个组进一步推进的设计方案。一到两段简短的文字说明可以帮助学生陈述他们的设计方案，也便于准备报告。学生将在课程的最后阶段合作制作和组装一个临时展馆。他们还要为了展馆的开馆准备海报以及记录展馆设计和制作过程的小册子。

本课程采用自下而上的教学方法，这就意味着，整体建筑架构清晰度和用途不是先决条件，而根据材料系统的属性构建建筑才是关键。本课程的出发点是办一个每次半天的讲习班，学生可以在此运用简单的几何元素亲自动手，学习基本的装配策略。实物和数字建模在整个课程中起着举足轻重的作用。

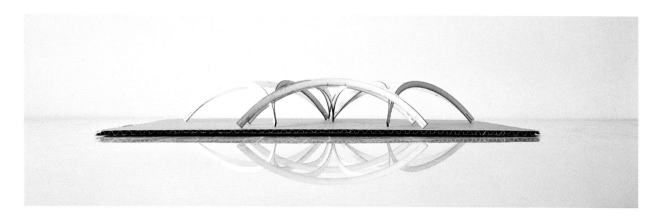

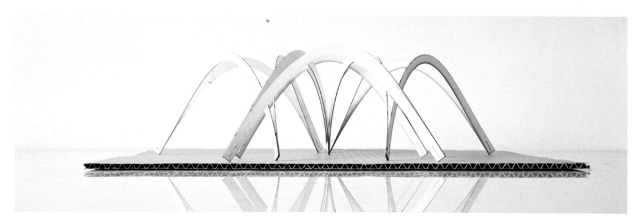

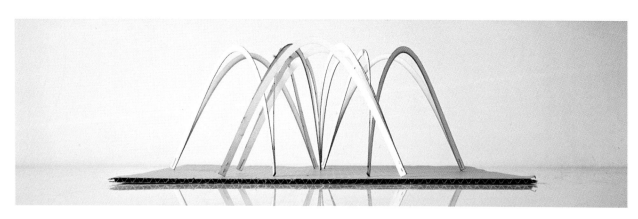

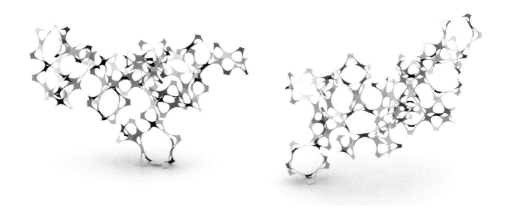

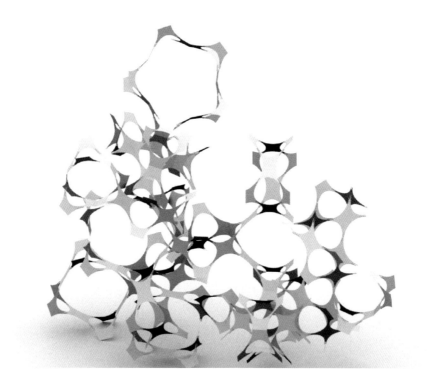

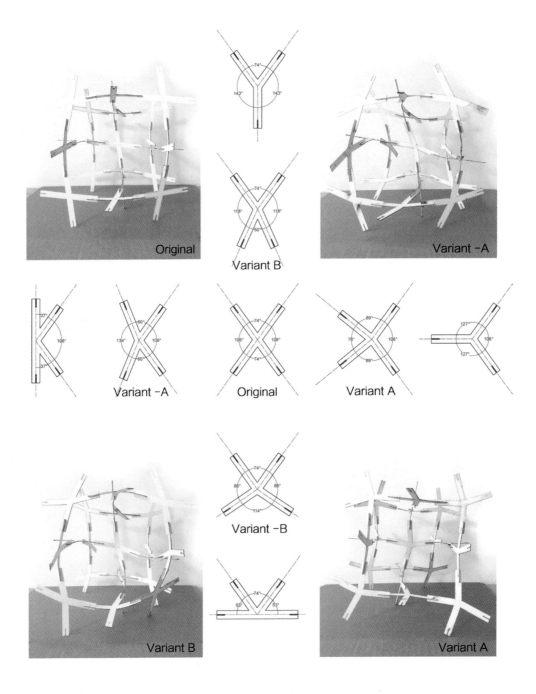

Original

Variant B

Variant -A

Variant -A

Original

Variant A

Variant B

Variant -B

Variant A

自适应接头：运用 3D 打印接头建造居住建筑 2017

Adaptive Joints: Constructing Habitable Structures Using 3D Printed Joinery 2017

指导老师：朴大权 / 钟华颖
Tutors：Park Daekwon / Zhong Huaying

"自适应接头"讲习班用全新的方式探讨可连接传统材料（织物、木材 / 塑料 / 纸板、木棍、网格和管道等）的 3D 打印接头的应用前景。学生将学习使用这种接头设计和建造可居住的结构（例如展馆、遮阳篷、隔墙或家具等）。课程内容包括学习柔性、不稳定性、适应性和编程等，还将探讨柔性、双稳态、剪纸艺术、折纸、软 / 柔性接头、混合接头等机理。

学生通过在讲习班的学习，不仅能够学到数字设计的技能并了解物品的制造过程，而且还能学习如何将高等几何和构造学应用到设计材料系统上。讲习班将引入新兴的数字技术和加工过程，包括衍生设计、几何优化和编辑脚本等，并要求学生动手操作，学生将利用学到的知识完成其设计研究项目。

课程包括两个部分：新节点探索与新结构设计，强调从多领域、多学科思考建筑节点的可能性。在讲座环节，朴大权教授向学生介绍了一种"自下而上"的建筑设计方式——关注和研究一种新型材料或新机械结构的性能和特性，探寻出一些具有普适性和应用可能性的组合方式，并选择其中一部分进行深化，从而更好地完成建筑设计。课程向学生展示了诸如昆虫翅膀的微观结构、材料不同泊松比的特性、柔性材料不同充气状态的形态变化等科学现象和原理所引发的新建筑节点设计。朴大权教授还引导学生从互锁结构、兼容性机械、双稳态结构、折纸结构、剪纸结构、屈曲特性、柔性材料、复合材料、可编程结构这几种方向出发，进行探索设计。

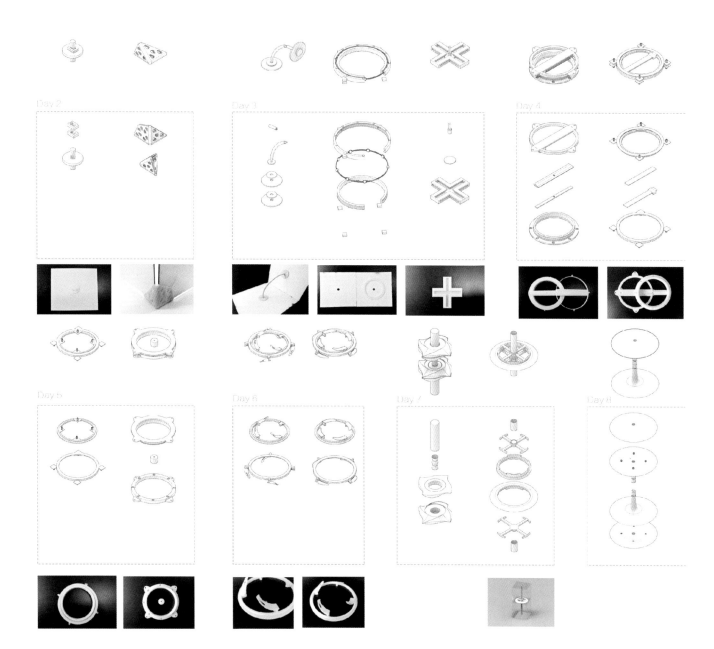

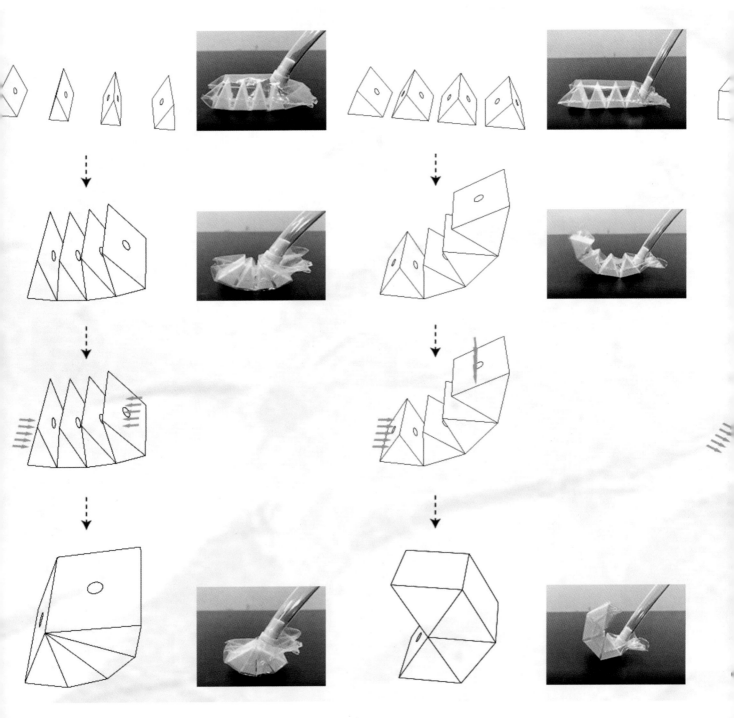

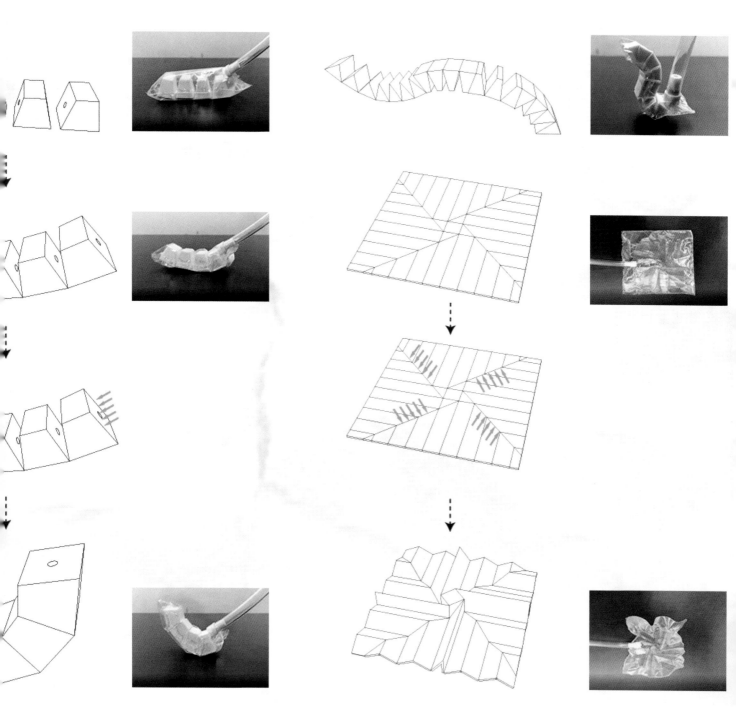

适应性节点：使用 3D 打印技术的建筑生态节点设计 2018
Adaptive Joints: Constructing Habitable Structures Using 3D Printed Joinery 2018

指导老师：朴大权 / 钟华颖
Tutors: Park Daekwon / Zhong Huaying

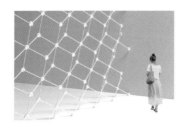

"适应性接头"工作坊探索了 3D 打印接头的潜力，这些接头可采用新颖方式连接传统材料（织物、木材 / 塑料 / 纸板、棒杆、网格和管道）。使用此接头设计，学生将设计并建造一个可居住构筑物（例如亭子、天篷、隔板或家具）。工作坊将介绍包括灵活性、不稳定性、适应性和可编程性在内的概念，并将研究柔性机构、双稳态机构、剪纸、折纸、软 / 柔性接头和混合接头等机构。

通过本工作坊，学生不仅能够发展数字设计和制造过程方面的技能和知识，而且能够学习如何在开发材料系统时应用高级几何学和筑造学。教师将以实践研讨会的形式介绍新兴的数字技术和过程（包括创成式设计、几何优化的和设计脚本），学生将利用其开发自己的设计研究项目。

1. 简介
2. 案例研究展示
3. 适应性接头的初步设计和原型
4. 适应性接头的设计和原型制作
5. 适应性接头的变体和原型
6. 聚合设计和原型展示
7. 可居住构筑物的设计
8. 可居住构筑物的建模
9. 可居住构筑物的制造和文件 1/3
10. 可居住构筑物的制造和文件 2/3
11. 可居住构筑物的制造和文件 3/3
12. 最终审查

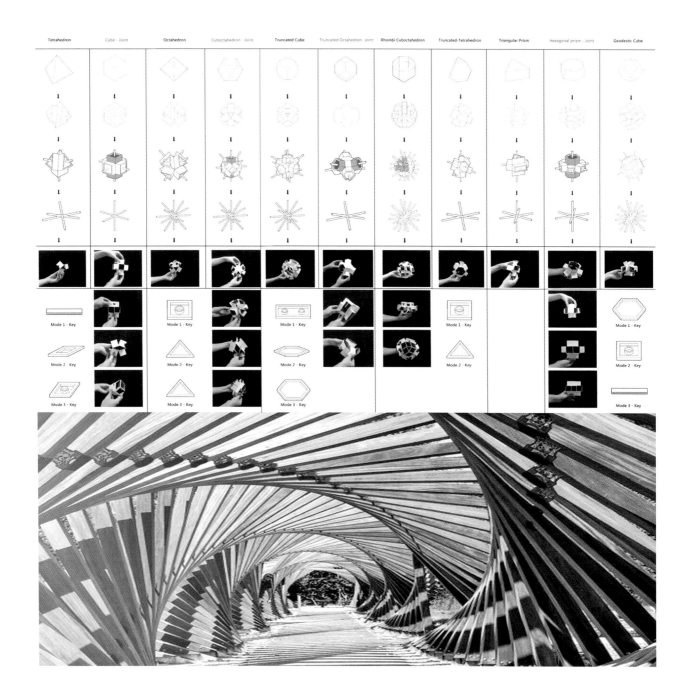

CASE STUDY

THE KEY POINT OF THE HANDLE IS THE COMPLIANT JOINT MAKE ONE MOVEMENT TO ANOTHER MOVEMENT.

WE ANALYZE AND SIMPLIFY THE HANDLE TO A MOTION OF GEOMETRY.

PROTOTYPE RESEARCH

WE MAINLY STUDY THE MOTION OF TRIANGLES, SQUARE AND PARALLELOGRAM, WE GET SOME PHYSICAL PRINCIPLE IN IT.

PATTERN RESEARCH

四、其他

建构设计 Tectonic Design

1. 出版物

出版物
Publication

《南大建构实验》

作者： 赵辰 / 冯金龙 / 朱竞翔 / 周凌
出版社： 东南大学出版社
出版时间： 2004年5月

内容简介

　　尽管建构文化 (Tectonic Culture) 在欧洲大陆有着深厚的历史积淀，而且中国悠久的建筑文化历史也为这一理论提供了重要的佐证，但它作为一种当代建筑理论的视角和框架，中国建筑界对之了解还只是近两年的事情。南京大学建筑研究所为建构理论在当代中国的引介已经做了一些基本的工作，并引起了广泛的重视。

《国际木构工作营》

主编：赵辰
出版社：中国建筑工业出版社
出版时间：2008年6月

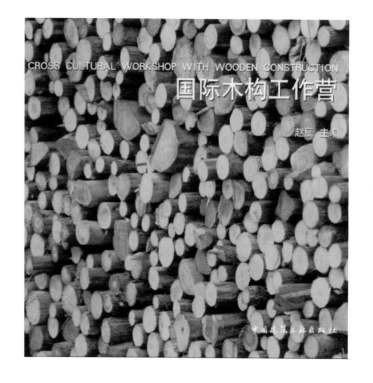

内容简介

　　《国际木构工作营》记录了由南大建筑学院和挪威奥斯陆建筑与设计学院共同合作的"国际木构工作营"的工作过程：挪威学生与中国学生及相关教师在南京完成了两个木构物；随后在挪威的特维德斯特兰德的"挪威森林"中建造了五个木构物。工作营从理论研究加模型制作探讨发展到了在真实场景之中的建造，全过程都在教师以及木工师傅指导下由两校学生共同参与完成。

2. 硕士学位论文列表

硕士学位论文列表
List of Thesis for Master Degree

研究生姓名	研究生论文标题	导师姓名
2005		
毕胜	木拱桥——一种中国建构文化遗产的研究	赵辰
陈金令	台北都市再生评量体系建构之研究	鲍家声
宋颖	形式与技术——蓬皮杜艺术中心建造过程研究	王骏阳
王晶	装配化建造——从现代主义的技术转变看装配化建造及其对现实的意义	冯金龙
潘娟	玻璃砖建造技术探讨——从玻璃之家到爱马仕大楼	张雷
王磊	浅论中国石建构传统与地域性的关系	赵辰
王锟	从建造到形式——砖的现代建造与表现	冯金龙
周超	装配式活动房的设计转换研究	朱竞翔
2006		
杨保新	土木之"坊"——云南剑川民居基本单元体的营造研究	赵辰
2008		
张斌	形式、几何、建造——FOA 横滨国际港口设计分析	周凌
张维芳	乡村建筑自主建造体系之浅识	赵辰
鲁巍	建筑的金缕衣——穿孔金属板的表皮化设计与建造	冯金龙
吴克锁	维奥莱-勒-迪克理性建造观念研究	周凌
2010		
金剑	耐候钢表皮设计与建造研究	冯金龙
2012		
陈鑫	福建土堡为代表的传统版筑建造体系研究	赵辰
白杰	石材建构方式中的叠砌研究	张雷
黎思琪	实体面材可丽耐的设计与建造研究	傅筱
卢伟	2012 年"中国大学生建造节"——南大建造教学的新探索	赵辰
2013		
王鑫星	SANAA 作品特征的建构解析	傅筱
鲍丽丽	填入式街坊建筑之建造体系再探——以南京、慈城的江南传统城市肌理织补为例	赵辰

研究生姓名	研究生论文标题	导师姓名
2015		
李政	工业化介入中国乡村建造的案例解析	傅筱
杨柯	三角形豪式木桁架构造研究——以莫干山蚕种场蚕室屋架为例	周凌
吴黎明	徽州民居营造体系研究——以黟县石亭村黄、齐、吴三宅为例	周凌
杨钗芳	当代建筑半透明现象的建构分析	赵辰
胡小敏	建筑形式与建筑结构关系的调查——以当代中国建筑师的 20 个建筑为例	王骏阳
2016		
赵阳	非规则形体平面布局与建造逻辑研究——以上饶三馆（规划馆）建筑设计为例	张雷
黄龙辉	竹构建筑建造体系研究	张雷
许骏	哈尼族传统民居建造体系研究——以云南元阳梯田核心区四个村寨为例	周凌
周荣楼	三维互承结构参数化形式生成初探	童滋雨、吉国华
2017		
梁耀波	基于结构性能的形式生成研究——以壳体结构为例	吉国华
吴书其	闽东北传统建造体系现代化更新之卫浴单元设计研究——以福建屏南北村为例	赵辰
陈修远	快速设计和施工下的高品质——歌华营地体验中心的设计与建造	王骏阳
张进	基于互承结构的厂房改造更新设计研究——以泰州高港某厂房建筑为例	童滋雨
2018		
吴松霖	原竹建筑结构性节点研究及其设计表达	冯金龙
黄凯峰	互承结构的形式生成研究	吉国华
张本纪	参数化砖墙的生形设计与失稳计算研究	吉国华
贾福龙	基于 Miura-Ori 的曲面褶皱化造型研究	张雷
拓展	低造价本土适宜性技术的应用研究——以南京苏家村改造为例	周凌
2019		
陈妍	3D 混凝土打印在建筑设计中的应用——以某传达室项目为例	吉国华
朱鼎祥	曲面三角形网格单元划分的均匀化研究	吉国华
杨瑞东	宁镇地区乡村建筑建造体系及其更新策略研究——以南京徐家院村为例	周凌
陈欣冉	近代南京沿街商业建筑立面的建造方式研究——以"三十四标"项目为例	赵辰

3. 毕业生的实践

我的建造教学与南大建筑的渊源
My Teaching of Construction and Origin with NJU Architecture

钟冠球
Zhong Guanqiu

　　我从 2009 年开始在华南理工建筑学院任教，除了设计课以外，还担任一门低年级的模型建造课的主讲老师，在课中，让学生用真实的材料尝试去建构一些经典案例的原型，这也逐渐引起学生的兴趣，学生一届比一届卖力。同时，我参与到学院模型实验室的建设中，购置了多台激光切割机、CNC 铣床和木工设备，并单独配置一个操作间，制订使用制度，将模型室开放给全学院的师生使用。在模型室硬件的支持下，学院能够在建造训练上大胆迈步，实现结构、构造、材料教学的更好结合。

　　2015—2017 年，我作为华南理工大学营造竞赛的出题人，三年组织了三次建造竞赛。营造竞赛是华南理工大学建筑学院的一个课外的传统竞赛，从制作最小的灯具到建造尺度越来越大的构筑物，至今已近 20 年。之前的营造竞赛没有严格的题目限定，队伍之间没法精细化比较，并且基本是院内竞赛。我认为竞赛规模化、正规化、竞争性

是非常重要的，因此引入了赞助商支持，增加竞赛获奖奖金和建造补贴，增加了更严格的初赛环节，邀请外校队伍参赛，由学生会各部门组成竞赛组委会，加大对外宣传和增加竞赛的重要程度……一个好玩又刺激的挑战，没有学生不爱。

　　2015 年的题目是"模块化木构展览小筑集群设计"，规定 2.4m×3.6m×2.4m（高）尺寸的小建筑，十支入选决赛的小筑不但各自独立地存在，呈现自身的特色，而且共同成为一个整体，形成一个串联式的展廊。在"模块化"要求下，搭建作品从结构到围护甚至螺丝钉的位置都要遵循一定的逻辑关系，需要各小组在场地以外预制好各部件，在规定的较短时间内进行快速安装。

　　2016 年的题目是"共享木构设施"，尺寸更大了，2.4m×4.8m×3.6m（高），要求学生制作一个可供学习、生活、活动用的小型木屋。学生从自身的使用需求出

发，创造了很多可变的多功能的小房子。建成后，非常多的学生在日常生活中使用这些临时设施，为建筑学院增加了 100m² 临时使用面积。竞赛后来设立了"维护运营奖"，在竞赛一年后进行评选，看哪些作品能很好地经受时间和气候的检验，哪些作品能被人更好地使用下去，参与决赛的同学开始获得了"使用后评价"的思考方式。

2015—2017 年三年的竞赛也吸引了深圳大学、广州美术学院、广州大学、广东工业大学等多所学校参与，逐渐变成华南地区一个影响力较大的建造竞赛。而作为这三年的组织者，有很多思路都来源于我在南大建筑读研究生时亲身参与的建造课程。

2005 年的时候，在南京大学研究生的建造课程中，由赵辰老师、冯金龙老师和周凌老师主持，以 2.4m×2.4m×2.4m 的木构框架作为基本单元，学生不但要自己搭建起 1:1 的木构架，还要设计围护结构并用真实

材料建造出来，这给学生已有的构造知识带来巨大的挑战。搭建在一个地下室里进行，搭建成果在当时对国内高校起到了很好的示范作用。

引用南京大学赵辰老师对 2005 年木构建造的回忆来描绘建造之后的收获再恰当不过了："我们还搞了个所谓评图，不过说实话，能得到什么样的讲评，我根本不感兴趣……无论哪个评委怎么讲都无所谓，你们都要很快乐，然后接受它。盖房子应该是这样，你已经盖出来了，就不用管别人怎么说了，对你们来说评图应该是一个庆典。"

实际上，设计—深化—采购—加工—组装—建成，这一环环相扣的建造实验过程与真正的建筑生产过程是相似的，是微缩化实现的建筑过程。这个过程中，学生不是仅仅"纸上谈兵"地设计，而是因循结构和构造的逻辑，体验手工操作和机器生产以及预制装配的过程。

建造教学提供了很好的感受重力和材料的机会，建造

者经常会遇到高空作业的难题,而这些都是通过虚拟模型无法体会的。建造教育使学生同时获得对结构、构造、材料的了解,应鼓励他们探索、研究非常规节点、非成熟做法。既然是实验,就要允许犯错,允许失败。包豪斯早在1919年,就将"制作"训练列入建筑教育计划,训练内容具体包括石刻、木刻、陶艺、金属加工、木工、纺织、浇铸等,每位学生都需要到工坊里进行学习,以熟知加工工艺,更重要的是对材料的属性有了直接的认知。相较于以视觉、感知、构图为先导的布杂体系,包豪斯以材料试验和材料操作作为基础课程,再演化成建造上更专业的"建造结构""外立面设计""采暖通风设计""照明设计""力学计算""概预算"等课程。

就国内而言,台湾可能比大陆更早在建筑教育体系中开展建造教学,较早有淡江大学建筑系黄瑞茂先生在淡水地区的社区营造,学生深入社区寻找需要建造的点,参与设计和完善社区配套功能房间的搭建,还有参加社区艺术庆典活动的装置设计和建造。后来辐射到大陆的有所谓"在野建筑学教育"的谢英俊主持的乡村建筑工作室,他在晏阳建设的地球村,召集国内很多建筑学子参与建造工作坊,这种身体力行的建造训练,是建筑教育体系必要的补充。2008年坂茂在四川的"纸屋"华林小学的校舍建造也类似。参加了这些建造活动的学子获得了很多珍贵的经历,他们

现在已成为一批更注重建造的青年建筑师群体。

　　近些年来，不少毕业于南大建筑的建筑师做出了一系列细节很好的建筑作品，我想这些与最初南大建筑的建造课程有关，南大建筑的学生普遍关注节点构造，"三句不离细部"，希望这些能够让南大建筑继续独树一帜。

建成后，非常多的学生在日常生活中使用这些临时设施，为建筑学院增加了 100 m² 临时使用面积。竞赛后来设立了"维护运营奖"，在竞赛一年后进行评选，看哪些作品能很好地经受时间和气候的检验，哪些作品能被人更好地使用下去，参与决赛的同学开始获得了"使用后评价"的思考方式。

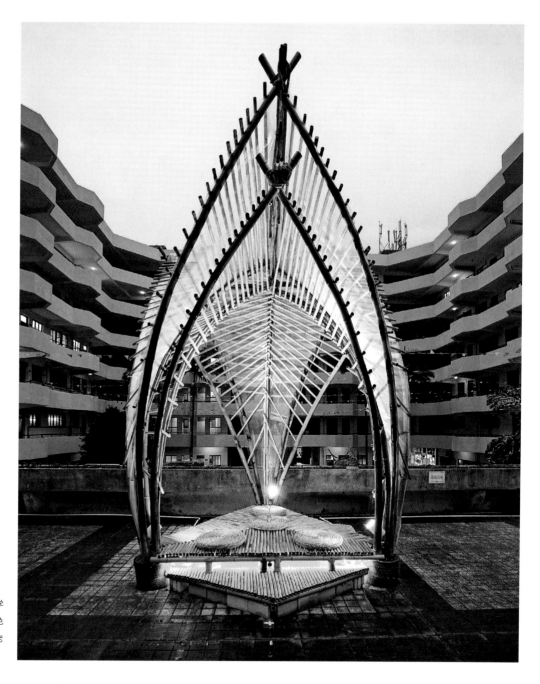

2017 年的题目是"光影竹穹"。学生的营造作品为校园创造了很多特色空间，吸引了很多专业和非专业的老师和同学过来观看和留影。

乡土建造与建构访谈会
Rural Building and Construction Interview

目标

以南大建筑的实践为根基，从乡土建造与建构开始，不断探讨中国未来建筑实践的方向和方法，让南大建筑的同人有集体发声之处，让南大建筑学人形成合力。

研讨主题

材料结构探索；建造教学、建造实验；乡村复兴案例

参会人员

王磊（召集人）、王铠、孟凡浩、张东光、罗辉、杨保新、毕胜、唐涛、吴子夜、周超、孙久强、李亚伟、杜春宇

负责人

周凌、王铠、赵辰、王丹丹

发言摘录

王铠：

演讲主题为当代乡土的原生秩序。

当下的中国建筑业界的"乡建"，作为政府主导的"乡村振兴"浩大社会工程的积极有生力量，正面对传统聚落价值自发和自觉的探索。乡村的问题是我国重新构建传统农业文明与现代工业文明、城市文明关系的核心，体现着多方面社会力量的共同作用：政府对传统农业文明现代转型的预期与制度建设；资本投入对乡村经济发展的产业推动；知识分子对乡土文化的认知与思考；最重要的是农村广大人民对乡土生活改善的内在需求。

毕胜：

演讲主题为乡村建设中如何留住特有的地域情怀——对比日本合掌村的改造历程，浅谈莱州初家村的建设。

目前，中国的乡村建设正如火如荼地在各地展开，这里以我们所参加的莱州初家村的改造为切入点，通过与日本白川乡合掌村的改造和发展历程的对比研究，探讨初家

驿道廊桥改造

村改造与发展的可行性方式，借此为中国乡村建设的研究、保护、开发提供有益的借鉴。

罗辉：

演讲主题为闽东乡村复兴。

在当下以自然/人文生态保护下的乡村发展为目标的乡村复兴中，乡村聚落与民居空间的生态发展成为当下建筑学理论研究和实践活动之核心。拨开"形式风格"之迷雾，回到传统建造体系层面，认知其空间上和时间上对自然地理和社会文化条件的应变性，从中辨析现代化路径并实践之，是乡村空间得以生态发展的关键。

李亚伟：

演讲主题为乡村休憩空间营造两则。

其实建筑设计本身不是重点，而是证明一个观点。设计之初，有一个针对当时新农村建设和城镇化过程的疑问：

是迎合当地审美、保持地域特色，如白墙灰瓦，还是简单质朴、构造真实的现代设计？以最终的结果和使用者的评价来看，得到一个基本结论：真正的乡建其实基于当地材料、建造、形式等建筑本体进行研究与思考就好，不用刻意迎合风格与样式。地域特色和表达其实就隐藏在基地、气候、材料、习惯之中。简洁美好的空间可以融入当地环境，融入当地生活。

孟凡浩：

演讲主题为现实与理想：近期乡村实践的思考。

短短数十年间，随着生活方式的多样化和营造物质类型手段的日益丰富，城市建筑的象征意义被不断夸大，乡村建筑的内在建构逻辑也被城市化所湮没。而建筑师的主要职责却被认定为物质生产——创造并追求物质的精良。

随着城市营建和乡村激活领域的不断深入，城市和乡

杭州富阳东梓关回迁农居

村已成为不可分割的社会生态体系，需要建筑师以更宏观的视角介入与尝试。也正是因为如此，在城乡一体化的大背景下，我们认为，任何脱离城市谈乡村或不管乡村只重城市的社会实践，都难以取得最终的平衡。

唐涛：

演讲主题为农庄生态大棚的改造实践。

建筑师在项目中始终需要反问自己的三个问题：（1）项目的真正需求以及所面临的真正问题是什么？（2）建筑师在项目中究竟需要扮演什么样的角色？（3）建筑师多年的专业训练与能力通过怎样的方式才能够真正体现它的价值？这些反思是帮助我们拨开云雾、找到本质的必经过程。

王磊：

演讲主题为乡村系统营造之法。

"以农民为主体的陪伴式系统乡建"是我的乡村实践的核心。系统性地切入乡村工作，选择了一个地方就永远陪伴下去，只是当好协作者。乡村实践最重要的工作是把农民组织起来，让村集体资源整合，建立和壮大村集体经济，并且实现可持续增长；协助村集体提高服务村民的能力，让更多的村民脱贫，实现共同富裕。实践目的是实现"生产、生活、生态"三生共赢的新农村，用社区营造的方法进行地域性建造，自然而然地设计，和农民一起建设和改造乡村。

吴子夜：

演讲主题为蒋山渔村更新实验。

建筑师在乡村实践中的参与程度或有不同，但是无论是规划、制度，还是功能、空间和建造，都应该从乡村本源的"人"的角度出发，以村民最质朴的生活和文化需求为思考起点，以在地文化的现代表达为手段，影响并复兴乡村。

武汉市江夏区五里界街道童周岭村小朱湾

张东光：

演讲主题为基于建构的整合性设计。

建筑师进入乡村工作，如果是在行政意愿或资本逐利的背景之下，需要清楚地辨析项目的各种外部条件以及自身的工作边界。大规模及快速的规划工作可能会给原本自然发展的乡村带来伤害。因此，在不成熟的条件下，笔者更倾向于建筑师轻微地介入其中。在专业领域内，通过村庄整体环境、风貌的提升以及用个别创新作品来引导村庄发展之外，建筑师还可以选择去解决一些居住生活品质的基本问题。致力于原型的开拓和发展，也许会带来更大的社会意义和价值。

周超：

演讲主题为轻型建筑的乡村实践。

建筑师在乡村实践中，首先要立足于乡村的生态资源和环境保护，尊重当地村落的原生秩序，熟悉当地的人文传统，了解产业经济的发展状况。应根据当地的地貌肌理、气候特征和建造传统，选择合适的建造手段，并遵循地域和建构原则。我们在乡村实践中，尝试以轻型建筑介入部分建造活动，利用工业化的建造系统，包括胶合木、胶合竹和轻钢等材料，在工厂里预制构件，在现场装配化施工。这种建造方式，既充分发挥了轻型系统对土地资源破坏较少、节约材料、建造速度较快等优势，又与传统建造方法互为补充，实现乡土生活的当代演绎。

杨保新：

演讲主题为当代竹空间于乡建语境中的可能性。

竹在大尺度的"竹空间"层面一直以来发展水平不高，缺少持续的探索和创新，多呈现两种现象，一是民间仿木的竹楼和竹亭，二是以竹作为装饰的"竹装修"。前者，

浙江余姚中村竹桥

竹压抑于木的形式下，没能表现出自身特性；后者，竹仅作为外装饰，并不构成真正意义上的竹空间。当代"竹空间"应是以竹作为主要语言，将"材料—结构—空间—肌理"整合于一体，并呈现出具有"竹"这一元素的独特气质的空间形态。

杜春宇：

演讲主题为浙江模式乡村振兴——田园综合体及特色小镇的传承与创新。

随着新村的建成使用，当地人的意识也在逐渐转变，原来不是只有模仿西式洋房才是富裕的标志，桃花源一样的中国田园式农居同样是村民真正向往的生活方式。周边的村民纷纷来要图纸，摸索建设老村自建房，这是我们建筑师最愿意看到的，设计成果被村民认可，引导了新的审美及生活方式，并被老百姓自发地借鉴、推广。

孙久强：

演讲主题为乡土空间营造的适用策略。

从现代主义建筑思想出发构建基本设计方法，真实地挖掘乡村社会的空间需求，以地域材料和本土技术营造生动的空间体验，以建筑和空间为载体探寻乡村建设的"适用之道"。

蒋山渔村更新实践

吴子夜：

　　改造部分以蒋山书舍为例，设计从村落功能的缺失开始思考，强调逻辑的完整性。设计通过打破建筑功能、空间和体验的界限，给村民们带来新的活动场所，并影响他们对传统老宅的固有看法。同时结合建筑原貌与后续的使用对比进行反思，就改造类项目的尺度和新老平衡的关系展开讨论。

周超：

　　"竹钢"是一种新型竹纤维高强复合材料，它除了具有普通竹材的速生、环保、节能等特点外，其特殊的生产工艺还使得该材料的力学性能远远超过其他竹材，更重要的是，它可以作为结构材料来使用。胶合竹预制建筑广泛应用于临时建筑、景区建筑、更新与改造等。

遵义桐梓县内置金融村社及联合社

南院

河北阜平龙泉关森林驿站

图书在版编目（CIP）数据

建构设计 / 吉国华，赵辰主编 . -- 南京 : 南京大
学出版社，2023.1
（2000—2020 南大建筑教育丛书 / 吉国华，丁沃沃
主编）
ISBN 978-7-305-24110-9

Ⅰ . ①建… Ⅱ . ①吉… ②赵… Ⅲ . ①建筑结构 – 结
构设计 – 研究生 – 教材 Ⅳ . ① TU318

中国版本图书馆 CIP 数据核字（2020）第 264322 号

出版发行　南京大学出版社
社　　　址　南京市汉口路22号　　　　　　　　邮　编　210093
出 版 人　金鑫荣

丛 书 名　2000—2020 南大建筑教育丛书
书　　名　建构设计
主　　编　吉国华　赵辰
责任编辑　张静

照　　排　南京新华丰制版有限公司
印　　刷　南京爱德印刷有限公司
开　　本　889mm×1194mm　1/20　印张　17.6　　　字数　490 千
版　　次　2023年1月第1版　2023年1月第1次印刷
ISBN 978-7-305-24110-9
定　　价　148.00元

网址：http://www.njupco.com
官方微博：http://weibo.com/njupco
官方微信号：njupress
销售咨询热线：（025）83594756